Nearest Neighbour Classification Method and its Applications

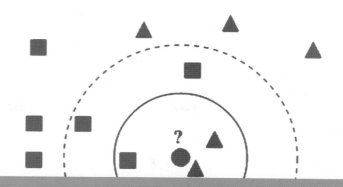

近邻分类方法及其应用

[上册]

郭躬德 陈黎飞 李南 ◎著

厦门大学出版社
XIAMEN UNIVERSITY PRESS
国家一级出版社
全国百佳图书出版单位

图书在版编目(CIP)数据

近邻分类方法及其应用. 上册/郭躬德,陈黎飞,李南著. —厦门:厦门大学出版社,
2013.12
ISBN 978-7-5615-4856-1

Ⅰ.①近⋯　Ⅱ.①郭⋯②陈⋯③李⋯　Ⅲ.①数据采掘-算法分析　Ⅳ.①TP311.131

中国版本图书馆 CIP 数据核字(2013)第 281153 号

厦门大学出版社出版发行

(地址:厦门市软件园二期望海路 39 号　邮编:361008)

http://www.xmupress.com

xmup @ xmupress.com

厦门市明亮彩印有限公司印刷

2013 年 12 月第 1 版　2013 年 12 月第 1 次印刷

开本:787×1092　1/16　印张:9.5

插页:2　字数:218 千字

定价:26.00 元

本书如有印装质量问题请直接寄承印厂调换

前　言

　　计算机技术的普及应用给人类社会带来了深刻的变革,也使得我们所拥有的数据以前所未有的速度膨胀。随着大数据时代的到来,越来越多的人开始关注数据挖掘这一项大数据分析和处理的重要技术。作为数据挖掘的一种主要方法,分类(classification)——用于发掘隐藏在历史数据中的类别模式进而对未知事件做出预测或判断的技术——由于其很强的实用性成为了许多数据分析处理系统的基本构件。在机器学习领域,分类是有监督学习的代表性方法,其应用也已深入到信息检索、生物信息、客户关系管理等社会经济生活的方方面面。

　　近邻分类技术源来已久,可以追溯到早期对 k_n-NN 规则(E. Fix 等人,1951 年)和 k-NN 规则(T. Cover 等人,1967 年)的研究。随后发展起来的 kNN 分类算法由于其原理简单、易于实现、可扩展性好、可解释性强等优点,备受青睐,位列 2005 年 ICDM 国际会议遴选的 10 大最有影响力的数据挖掘算法之一。如今,近邻分类方法无论在理论模型、算法还是在领域应用方面都吸引了众多的研究者和实践者,呈现出蓬勃发展的态势,涌现了一大批改进型新算法,也提出了一些基于近邻分类思想的新模型、新方法。"欲穷千里目,更上一层楼",跟踪了解近年来取得的这些新进展才能进一步推进近邻分类技术的研究和深入应用,这也是本书出版的首要目的所在。

　　著者之一郭躬德教授系英国 Ulster 大学归国学者,长期从事近邻分类方法的研究与应用,早于 2003 年提出称为 kNNModel 的近邻分类新方法,赢得业界热烈反响。近年来,在郭教授的带领下,福建师范大学数据挖掘与网络内容安全实验室开展了近邻分类理论方法与应用方面的系统研究,取得了一系列成果。在理论方法方面,研究团队提出了基于近邻思想的相似性度量新方法并将之推广到类属型数据,提出了增量学习、多代表点学习和子空间近邻分类等新方法；应用研究涵盖了毒性物质预测、特征选择、文本分类以及数据流分类等近邻分类的新应用领域。本书将有关研究成果集结成册，以飨读者。

本书共六章，第一章介绍近邻分类算法及近年来的研究新进展，第二章至第六章每章介绍近邻分类的一类新方法。郭躬德主要编写本书的第二、三章，并参与编写第四、六章部分章节，约 20 万字；陈黎飞主要编写第四、五、六章，约 30 万字；李南主要编写第一章，并参与编写第四章部分章节，约 5 万字。研究生黄彧、陈红、辛轶、黄杰、李南、张健飞、卢伟胜、兰天，访问学者陈雪云等参加了有关研究工作和部分章节写作。在写作过程中，参考了大量的国内外文献资料，在此一并表示感谢。

本书内容有误或不妥之处，欢迎读者批评指正。

郭躬德　陈黎飞　李南
福建师范大学数学与计算机科学学院
2014 年 1 月

目　录

第1章 近邻分类方法及其演变

1.1 分类概念、算法

【摘要】本节主要介绍数据挖掘的主要任务，分类的概念、过程和分类模型评价，以及常用的分类算法及其应用。

1.1.1 数据挖掘

伴随着信息技术的高速发展，各行各业积累的数据量也急剧增长，人们迫切地需要将这些数据转化为有用的知识以促进生产力的发展。因此，能够满足人们此类需求的数据挖掘技术逐渐受到了信息产业界乃至整个社会的关注。

数据挖掘一般通过分析给定数据集里的数据来解决问题。例如，在激烈的市场竞争中，如何牢牢地把握住客户一直是商家关注的首要问题。一个关于客户当前所选择的业务以及其个人资料的数据库是解决这个问题的关键。通过分析客户以往的行为模式，挑选出那些对即将提出的新业务最有可能感兴趣的客户群体，进而向他们提供特殊建议以推广该项新业务。值得注意的是，对整个客户群体进行业务推广的代价是高昂的，使用数据挖掘技术选择特定的群体能够有效地节约成本。概括地说，数据挖掘的目的就是从海量数据中提取隐含在其中的、事先未知但又潜在有用的知识和可以理解的模式，进而帮助人们做出更为准确、客观的分析和判断[1]。数据挖掘的主要任务包括关联规则发现[2]、聚类分析[3]、分类及回归[4]等。

1. 关联规则发现

关联规则的作用是从大量数据中挖掘出有价值的数据项之间的关系。经典的实例是购物篮分析(market basket analysis)。超市对关于顾客购买记录的数据库进行关联规则挖掘，从而发现顾客的购买习惯。一个有趣的例子是沃尔玛超市通过数据挖掘中的关联规则挖掘，惊奇地发现顾客在购买啤酒的同时，经常也会一起购买尿布(这种独特的销售现象出现在年轻的父亲身上)。于是，超市就调整货架的布局，将啤酒和尿布放在一起以增进销量。

1

2. 聚类分析

聚类是把数据样本集合分成由相似对象组成的多个子集(簇)的过程,使得在同一个簇中的样本具有相似的一些属性。聚类的一个商业应用是电子商务中的网站建设。具体的步骤是:首先使用聚类算法找出具有相似浏览行为的用户,然后分析这些用户的共同特征。这些共同特征能够帮助商家更好地了解自己的客户,进而向客户提供更合适的服务。

3. 分类及回归

分类(classification)和回归(regression)是两种不同的数据分析形式,都可以用来建立预测未来数据的模型。分类用于预测对象的离散类别,回归则用于预测对象的连续或者有序取值。分类主要用于定性,例如基于历史数据建立分类模型,预测明天的股市大盘指数是涨还是跌。而回归则用于定量,对应的就是建立好的模型预测明天的大盘指数是涨多少点还是跌多少点。本书主要关注于数据挖掘中的分类问题,关于分类的详细内容将在后续章节做具体介绍。

按照是否使用数据样本的类别属性来划分,数据挖掘的学习方法可以分为监督学习(supervised learning)、半监督学习(semi-supervised learning)和无监督学习(unsupervised learning)三种[5]。其中,监督学习利用样本的类别信息来指导学习过程,无监督学习在学习中使用的数据均是未标记类别的,而半监督学习主要考虑如何同时利用大量没有类别标记的数据和少量已标记类别的数据进行学习。

1.1.2 分类的概念

1.1.2.1 分类的过程

作为数据挖掘领域的一个重要分支,众多学者对分类问题[6]进行了深入研究。承上所述,区别于回归方法,分类的输出是离散的类别值,而回归方法则是连续或有序值。分类的基本过程如图 1-1 所示。由图 1-1 可以看出,分类过程依次经历了 5 个不同的阶段,以下将对每个阶段进行详细介绍。

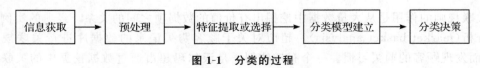

信息获取 → 预处理 → 特征提取或选择 → 分类模型建立 → 分类决策

图 1-1 分类的过程

1. 信息获取

信息获取是对研究对象进行测量和量化,使其变成计算机可以处理的形式(例如矩阵或向量)。通常情况下,通过信息获取的数据集中的每个样本可以由 $d+1$ 个属性描述的数据库元组来表示(一个数据库元组对应于一个向量),形如:

$$X=\{x_1,x_2,\cdots,x_d,y\}$$
$$s.t.\ \ d>0$$

其中 x_i 表示样本 X 第 i 维的属性值,y 表示类标号属性,即样本 X 的类别。由于事先知道数据集中每个样本的类别,因此分类属于监督学习的一种。其中,样本属性的类型可以是:

(1)数值型(numeric):可以是整数或者实数,比如人的体重和年龄。

(2)命名型(nominal):例如某个描述天气数据集中的湿度(humidity)属性。该属性共有两种取值:高(high)和普通(normal)。数据集中每个样本对应的"humidity"值必是这二者之一。命名型属性的一种特殊形式是类属型(categorical)属性。例如描述一个人性别的属性,此属性的两种取值("男"和"女")之间没有顺序关系。

(3)字符串型(string):可以包含任意的文本,在文本分类中非常有用。

(4)日期和时间型(date)等。

表 1-1 是一个关于特定天气下能否进行某项活动的数据集。数据集中样本的 3 个命名型属性分别是阴晴(outlook,取值范围{sunny,overcast,rainy})、湿度(humidity,取值范围{high,normal})以及刮风(windy,取值范围{true,false})。这里的 outlook 可以看作是类属型属性。样本还有 1 个数值型属性温度(temperature),而玩(play)是类标号属性。表中的每一行对应于数据集中的一条样本。

表 1-1　天气数据集

outlook	temperature	humidity	windy	class：play
sunny	85	high	false	no
sunny	80	high	true	no
overcast	83	high	false	yes
rainy	70	normal	false	yes
overcast	81	normal	false	yes
…	…	…	…	…

2. 预处理

在分类之前,为了提高所建立分类模型的有效性,通常要对数据进行预处理操作。常用的预处理过程包括数据清理、数据变换等。

(1)数据清理

现实中可能会发生测量设备故障、人工录入错误等情况,因此实际使用的数据集中不可避免地会出现收集到的数据不完整或者包含一些错误等问题。数据清理包括填充样本的缺失属性值、减少或者消除噪声数据以及清除重复数据等操作。

对于数据集中数据不完整问题,常用的处理方法有[7]:

方法1(常量替代法):所有数据中缺失属性的取值都用同一个常量来填充,比如"Error"。该方法最为简单,但是它并不十分可靠。

方法2(平均值替代法):采用数据集上某属性的平均值代替不完整样本该属性上的缺失值。

方法3(最常见值替代法):使用同一属性中出现最多的取值作为不完整样本该属性上的缺失值。

方法4(估算值替代法):采用相关算法(例如回归算法等)预测不完整样本缺失属性的可能值。

所谓的噪声数据,指的是属性值中存在随机错误或者偏差的样本。例如,如果数据集中一条样本的"年龄"属性值是"-10",这显然不符合常理,那么这条样本就属于噪声样本。通俗地说,噪声样本就是"错误样本"。基于噪声数据建立的模型的分类效果往往不尽如人意。消除噪声数据的方法除了人工检查校对之外,还可以使用聚类分析技术。具体的步骤是先将原始数据集分成固定数目的子集(簇),那些处于较小簇中(簇内样本的数目远远小于其他簇)的样本往往就是噪声样本,通过删除这些样本来达到提高模型有效性的目的。

(2)数据变换

数据变换的目的是将数据转换或者统一为某种适合数据挖掘的形式,常用的做法包括规范化、离散化等。

规范化通常是为了消除不同属性取值区间的差异对相似性度量带来的影响,因而将数据变换到指定区间(如[0,1])内。常用的规范化方法包括:

方法1:最小—最大规范化

设 $\min_i$ 和 $\max_i$ 分别为数据集中样本第 i 个属性的最小值和最大值。最小—最大规范化通过计算

$$x_i' = \frac{x_i - \min_i}{\max_i - \min_i}(new\_\max_i - new\_\min_i) + new\_\min_i$$

将第 i 个属性的取值 x_i 映射到区间 $[new\_\min_i, new\_\max_i]$ 中的 x_i'。

设数据集中样本第 i 个属性的取值分别为最大值 $\max_i = 50$,最小值 $\min_i = 1$。如果使用最小—最大规范化,将某样本该属性的取值 $x_i = 30$ 映射到 $[0,1]$,则有:

$$x_i' = \frac{30-1}{50-1}(1-0) + 0 = \frac{29}{49}$$

方法 2：Z-score 规范化

将数据集中样本的数目用 n 来表示，所有样本第 i 个属性上的取值以 $\{x_{i1}, x_{i2}, \cdots, x_{in}\}$ 表示，$\overline{x}$ 和 σ 分别为 $\{x_{i1}, x_{i2}, \cdots, x_{in}\}$ 的平均值和标准差，即：

$$\overline{x} = \frac{\sum\limits_{j=1}^{n} x_{ij}}{n} \qquad \sigma = \sqrt{\frac{\sum\limits_{j=1}^{n}(x_{ij} - \overline{x})^2}{n}}$$

那么规范化之后

$$x_{ij}' = \frac{x_{ij} - \overline{x}}{\sigma}$$

设数据集中样本的第 i 个属性的平均值 $\overline{x} = 54000$，标准差 $\sigma = 16000$。如果使用 Z-score 规范化，那么某样本该属性的取值 $x_i = 73600$ 则转换为：

$$x_i' = \frac{73600 - 54000}{16000} = 1.225$$

多数分类算法只能处理某种特定类型的属性。**离散化**的作用就是将数据集中样本的数值型属性转换为命名型属性。离散化时可以对数据先使用等宽或等频分箱，然后用箱均值、中位数或者某个固定值替换箱中的每个值，就能够将属性值离散化。以某个数据集中的"年龄"属性为例子，因为属性取值大于 0，于是将其分成几个不同的区间：$[0, 29]$、$[30, 45]$、$[46, +\infty)$，原始数据集中该属性上对应的取值分别用 young、mid-age 以及 old 来替代。例如，如果原始数据集中某条样本的"年龄"属性的取值是 27，那么经过上述离散化之后，该样本"年龄"属性的取值就相应离散化成了 young。

3. 特征提取或选择

由于在现实应用中，数据的属性个数往往较多，直接对这些原始数据进行分类往往会影响分类效率。特征提取或选择的作用就是抽取或通过变换得到最能反映每个类别本质的属性，进而利用这些属性代表原始数据中的所有属性进行分类。

特征提取[8] 通常通过映射（或变换）的方法获取最有效的特征。经过映射后的特征称为二次特征，通常是原始特征的某种组合。传统的特征提取方法可以分为线性和非线性两类。目前主流的线性特征提取方法有主成分分析法（principle component analysis，简称 PCA）[9]、Fisher 线性鉴别分析法（Fisher linier discriminant analysis，简称 FLD）[10] 等。通过求解样本协方差矩阵的特征值和特征向量，PCA 方法试图找到方差最大的特征。FLD 方法的目标是保证样本在新空间中有最大的类间距离和最小的类内距离，即样本在该空间中有最佳的可分离性。线性自组织映射（self-organizing feature map，简称 SOM）[11] 是一种非线性的特征提取方法,该方法的目标是利用低维空间中的样本点来表示原始高维空间中的样本点,使得低维空间的样本之间尽可能保持原始空间中的距离和相似性关系。特征提取主要应用于样本特征维度较高的面部表情识别、汉字以及英文字母识别、图像检索等领域。

特征选择是从全部特征中选取一个特征子集。特征选择的具体步骤[12]是:

Step1:从特征全集中产生出一个特征子集。

Step2:用评价函数对该特征子集进行评价。

Step3:将评价的结果与停止准则进行比较。若评价结果达到要求就停止,否则重复以上步骤。

Step4:验证所选取特征子集的有效性。

在 Step1 中使用的产生特征子空间算法可以分为完全搜索、启发式搜索以及随机搜索三种。广度优先搜索是一种最简单的完全搜索方法,属于穷举搜索,需要遍历所有组合以产生最优的特征子集。显然,如果特征空间维度较高,这种方法所需要的时间令人难以接受。启发式搜索的方法有序列前向选择、序列后向选择等。序列前向选择方法每次都选择一个使得评价函数取值达到最优的特征加入,其实就是一种简单的贪心算法。该方法的缺点是只能加入特征而不能去除特征。序列后向选择方法则恰好相反,每次删除一个特征。随机搜索的方法包括使用遗传算法、模拟退火算法等。

根据不同的工作原理,Step2 中的评价函数可以分为筛选器(filter)和分装器(wrapper)两类。前者通过分析特征子集内部的特点来衡量其好坏,与分类器的选择无关。例如可以使用距离作为评价标准,即好的特征子集应该使得来自同一类别的样本之间的距离尽可能小、来自不同类别的样本之间的距离尽可能大。而后者则使用指定的算法,利用选取的特征子集对样本集进行分类,模型的分类精度被用作衡量特征子集好坏的标准。

4. 分类模型建立

在建立分类模型之前,需要将给定的数据集随机地分为训练数据集和测试数据集两个部分(需要划分的原因将在 1.2.2 节中说明)。在分类模型建立阶段,通过分析训练数据集中属于每个类别的样本,使用分类算法建立一个模型对相应的类别进行概念描述。通过学习得到的分类模型的形式可以是分类规则、决策树等,主要的分类模型将在第 1.1.3 节中进行详细介绍。

在建立好分类模型之后,还需要在测试数据集上对分类模型的有效性进行测试,此时通常使用分类精度作为评价标准。对于测试数据集上的每一个样本,如果通过已经建立的分类模型预测出来的类别与其真实的类别相同,那么说明分类正确,否则,说明分类错误。如果测试数据集上所有样本的平均分类精度可以接受,那么在分类决策阶段就可以使用该模型对未知类别的待分类样本进行类别预测。需要说明的是，之所以使用不同于训练数据集的样本作为测试数据集，是因为基于训练数据集所建立的分类模型对于自身样本的评估往往是乐观的，这并不能说明分类模型对未知样本的分类是有效的。

举一个著名的"鸢尾花分类"的例子。事先给定包含 150 条样本的鸢尾花 Iris 数据集（该数据集可以从 http://www.ics.uci.edu/~mlearn/databases/下载），它包含了三种鸢尾花种类——setosa、versicolor 和 virginica，每种各有 50 条样本。每条样本记录了一朵鸢尾花的花萼长（sepal length）、花萼宽（sepal width）、花瓣长（petal length）和花瓣宽（petal width）4 个属性以及该样本属于哪一种鸢尾花（即类别属性），具体见表 1-2 所示。

表 1-2　鸢尾花数据

sepal length (cm)	sepal width (cm)	petal length (cm)	petal width (cm)	class
5.1	3.5	1.4	0.2	setosa
4.9	3.0	1.4	0.2	setosa
7.0	3.2	4.7	1.4	versicolor
6.3	3.3	6.0	2.5	virginica
6.3	2.9	5.6	1.8	virginica
…	…	…	…	…

首先按照 2 : 1 的比例，将数据集随机地分为训练数据集和测试数据集两个部分。在训练数据集上，利用分类算法建立一个分类模型（具体的分类算法将在第 1.3.3 节中详细介绍），再使用测试数据集测试模型的分类精度。分类过程中模型建立的流程见图 1-2，其中分类模型使用形如：

$$\text{If} \quad petal\ width \leqslant 0.6 \qquad \text{Then} \quad class = \text{setosa}$$

的分类规则来表示。

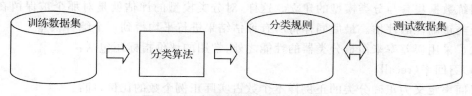

图 1-2　分类过程中的模型建立流程

5. 分类决策

如果所建立的模型的分类有效性可以接受，那么在输入未知类别样本的花萼长、花萼宽、花瓣长和花瓣宽 4 个属性之后,就能够利用该分类模型对其类别进行预测,判断它属于哪一种类别的鸢尾花。例如,输入未知样本 $X' = \{sepal\ length = 5.0, sepal\ width = 3.6, petal\ length = 1.4, petal\ width = 0.3\}$,那么根据前述分类规则就将其分为 setosa 类,具体流程如图 1-3 所示。

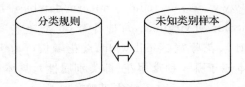

图 1-3　分类过程中的分类决策流程

1.1.2.2 分类模型评价

承上节所述,人们所关注的是分类模型对于未来新数据的分类效果,而非旧数据。给定数据集中每个样本的类别都是已知的,因此才能用它进行训练,但是通常对这些样本的分类并不感兴趣。因此,需要将给定数据集划分为训练数据集和测试数据集两个部分,以测试数据集上的分类结果来近似评估分类模型对未来新数据的分类效果。划分的方法通常有以下两种:

1. n 折交叉验证

使用 n 折(n-fold)交叉验证时,数据集被随机分为 n 个部分(通常 $n = 10$),每一部分中的类比例与整个数据集中的类比例基本一致。每个部分被轮流作为测试数据集,其余 $n-1$ 个部分作为训练数据集。这样一共进行了 n 次学习,每次使用不同的训练数据集。最后,将 n 次学习的误差进行平均得到一个综合误差。

2. 留一交叉验证

留一(leave-one-out)交叉验证依次将每个样本作为测试数据集,而剩下的所有样本则作为训练数据集参与分类模型的建立。这样,对分类模型的评估就是对那个被保留在外的样本分类正确性的评估。最后同样将所有评估结果进行平均得到一个综合误差。

除了采用误差率来衡量分类器的性能之外,常用的评价指标还包括:

(1)召回率(recall)

召回率定义为正确分类的正例样本个数占实际正例个数的比例,即:

$$recall = \frac{true\ positive}{(true\ positive) + (false\ negative)}$$

(2)查准率(precision)

查准率定义为正确分类的正例样本个数占分类为正例的样本个数的比例,即:

$$precision = \frac{true\ positive}{(true\ positive) + (false\ positive)}$$

在上述公式中,对于给定类别 c, $true\ positive$ 表示测试样本中属于类 c 且被分类模型正确分类的样本数目, $false\ positive$ 表示测试样本中不属于类 c 但是被分类模型错分到类 c 的样本数目, $false\ negative$ 表示测试样本中属于类 c 但是被分类模型错分到其他类的样本数目。

(3)$F_1 - measure$

$F_1 - measure$ 是查准率(precision)以及召回率(recall)的调和平均,即:

$$F_1(recall, precison) = \frac{2 \times recall \times precison}{recall + precision}$$

(4)$macroaveraged - F_1$

$macroaveraged - F_1$ 是每个类别 $F_1 - measure$ 指标的算术平均值。设给定训练数据集有 m 类, $F_1(i)$ 为第 i 类的 $F_1 - measure$ 值,那么

$$macroaveraged - F_1 = \frac{\sum_{i=1}^{m} F_1(i)}{m}$$

其余的评价标准包括 ROC 曲线(receiver operating characteristic curve)与 AUC(the area under the ROC curve)[13]等。

1.1.3 分类算法

按照训练数据集的学习方式划分,分类算法可以分为急切(eager)型和懒惰(lazy)型两种[14]。急切学习算法在模型建立阶段以训练数据集为基础建立模型,然后将建立好的模型用于未知样本类别的预测。与其不同的是,懒惰学习算法在训练阶段不建立模型,而是直接利用训练样本对待分类样本的类别进行预测。学者们已经提出的急切学习算法包括决策树算法[15]、支持向量机(SVM)[16]、贝叶斯分类(Bayes)[17]以及人工神经网络[18]等,而直观的最近邻分类是一种典型的懒惰学习算法。以下分别对这几种分类算法进行简单介绍。

1.1.3.1 决策树算法

决策树算法是以训练样本为基础的归纳学习算法,其目的是建立一种与流程图相似的树形结构。决策树的内部结点通常是属性或属性的集合,叶结点代表样本所属的类别。当分类未知类别的待分类样本时,从决策树的根结点开始对其相应的属性值进行测试,根据测试结果选择由该结点引出的分支直到决策树的叶结点。利用数据挖掘工具 WEKA 软件

(该软件可以从 http://www.cs.waikato.ac.nz/ml/weka 下载)中的 J48 算法[6],在第 1.1.2 节中所介绍的鸢尾花 Iris 数据集上建立的决策树分类模型如图 1-4 所示。

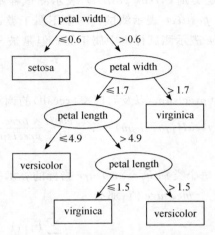

图 1-4 为 Iris 数据建立的一种决策树

第一种决策树算法是 Quinlan 在 1986 年提出的 ID3 算法[19],其使用信息增益(Information Gain)[20]作为选择分裂结点属性的标准。算法的核心步骤是:

Step1:遍历所有属性,选择信息增益最大的属性作为决策树结点,由该属性的不同取值产生该结点引出的分支。

Step2:对各分支的子集递归调用 Step1,直到所有子集只包含同一类别的样本为止。

决策树算法产生的分类规则易于理解,可解释性强。但是,算法只对较小的数据集有效,并且对噪声样本比较敏感。

1.1.3.2 支持向量机(SVM)算法

SVM 算法的基本原理是:训练样本在输入空间中可能是线性不可分的,然而可以通过一个事先选择的非线性映射 $\phi(\cdot)$,将输入样本映射到一个线性可分的高维空间。在这个高维空间中,算法基于结构风险最小化原则构造最优分类超平面 $f(x)=w^T\phi(x)+b$(w 和 b 分别是该超平面的权值向量和阈值),使得距离超平面最近的两类样本点间隔最大。所谓的"支持向量"就是那些处在超平面间隔区边缘的训练样本,这些样本对不同的类别具有良好的区分能力。虽然求解非线性映射 $\phi(\cdot)$ 的计算复杂度较高,但是由于在原空间和变换后的高维空间中只需用到向量的内积运算,因此 SVM 算法使用了核函数 $K(x,y)=\phi(x)\cdot\phi(y)$ 来简化计算。

虽然 SVM 算法在训练样本数量较少时仍然具有较好的泛化能力,并能够在一定程度上避免"维度灾难"对分类效果造成的不利影响,但当处理大规模数据集时,算法往往需要较长的训练时间。

1.1.3.3 贝叶斯(Bayes)分类

贝叶斯分类是一种基于统计学的分类方法,最简单的贝叶斯分类算法是朴素(Naive)贝叶斯分类算法。假定数据集中有 m 个类别,分别用 $C_1, C_2, \cdots, C_m$ 表示,那么对于一个给定的 d 个属性的待分类样本 $X' = <x_1, x_2, \cdots, x_d>$,如果

$$P(C_j \mid X') \leqslant P(C_i \mid X')$$
$$s.t. \quad 1 \leqslant j \leqslant m, i \neq j$$

就将 X' 分为 C_i 类,其中 $P(C_j \mid X')$ 表示 X' 属于类别 C_j 的概率。根据贝叶斯公式,有

$$P(C_i \mid X') = \frac{P(X' \mid C_i) P(C_i)}{P(X')}$$

其中 $P(X')$ 表示待分类样本 X' 出现的概率,其值对于每个类别均相等。若假定 d 个属性之间相互独立,则有

$$P(X' \mid C_i) = \prod_{l=1}^{d} P(x_l \mid C_i)$$

其中 $\prod_{l=1}^{d} P(x_l \mid C_i)$ 可以从训练数据集中求得。

举一个使用朴素贝叶斯算法分类的例子,使用的数据集如表 1-3 所示,这是一个是否购买某种保险的数据集。数据集中的每个样本有 4 个属性:年龄(age)、收入(income)、性别(sex)、信用等级(credit rating)以及一个类别属性:是否购买保险(insurance)。

表 1-3　购买保险数据

age	income	sex	credit rating	class:insurance
young	high	female	fair	no
young	high	female	excellent	no
mid-age	high	female	fair	yes
old	medium	female	fair	yes
old	low	male	fair	yes
old	low	male	excellent	no
mid-age	low	male	excellent	yes
young	medium	female	fair	no
young	low	male	fair	yes
old	medium	male	fair	yes

续表

age	income	sex	credit rating	class:insurance
young	medium	male	excellent	yes
mid-age	medium	female	excellent	yes
mid-age	high	male	fair	yes
old	medium	female	excellent	no

给定待分类样本 $X' = \{age = young, income = medium, sex = female, credit\ rating = fair\}$,则有:

$$P(C_1) = P(insurance = yes) = \frac{9}{14} \approx 0.643$$

$$P(C_2) = P(insurance = no) = \frac{5}{14} \approx 0.357$$

$$P(age = young \mid insurance = yes) = \frac{2}{9} \approx 0.222$$

$$P(age = young \mid insurance = no) = \frac{3}{5} = 0.600$$

$$P(income = medium \mid insurance = yes) = \frac{4}{9} \approx 0.444$$

$$P(income = medium \mid insurance = no) = \frac{2}{5} = 0.400$$

$$P(sex = female \mid insurance = yes) = \frac{3}{9} \approx 0.333$$

$$P(sex = female \mid insurance = no) = \frac{4}{5} = 0.800$$

$$P(credit\ rating = fair \mid insurance = yes) = \frac{6}{9} \approx 0.667$$

$$P(credit\ rating = fair \mid insurance = no) = \frac{2}{5} = 0.400$$

由上可以推出:

$$P(X' \mid C_1) = P(X' \mid insurance = yes) = 0.222 \times 0.444 \times 0.333 \times 0.667 \approx 0.022$$

$$P(X' \mid C_2) = P(X' \mid insurance = no) = 0.600 \times 0.400 \times 0.800 \times 0.400 \approx 0.077$$

最后:
$$P(X' \mid C_1)P(C_1) = 0.022 \times 0.643 \approx 0.014$$
$$P(X' \mid C_2)P(C_2) = 0.077 \times 0.357 \approx 0.027$$

可得:$P(X' \mid C_1)P(C_1) \leqslant P(X' \mid C_2)P(C_2)$。

因此,判断 X' 的类别为 C_2,即 $insurance = no$。

贝叶斯分类算法能够直接运用于大规模数据集并且分类速度较快。由于算法假定数据样本各个属性是相互独立的,而这种假设在现实中一般是不成立的,这在一定程度上影响了算法在实际应用中的有效性。

1.1.3.4 人工神经网络

人工神经网络是一组相互连接的输入/输出单元,每个连接都有一个相应的权值。在模型建立阶段,算法通过动态地调整每个连接的权值,使得模型能够尽可能正确预测训练数据集上各个样本的类别来学习。图 1-5 给出了一个神经元的示意图,它是神经网络的基本构件之一。

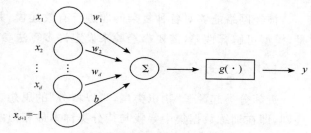

在确定了权值向量 $W = <w_1, w_2, \cdots, w_d>$ 以及阈值 $b \in \mathbf{R}$ 以后,对于输入的待分类样本 $X' = <x_1, x_2, \cdots, x_d>$,神经元的响应输出为:

图 1-5　神经元模型

$$y = g(W \cdot X' - b) = g(\sum_{i=1}^{d} w_i x_i - b)$$

其中 $g(\cdot)$ 被称为活化函数,常见的有符号函数、Sigmoid 函数以及径向基函数等。

单个神经元可以被用来实现任何线性可分函数。例如,图 1-6 中的神经元实现了一个布尔函数——与(AND),其中活化函数采用符号函数,即: $g(x) = \begin{cases} 1 & x \geq 0 \\ 0 & x < 0 \end{cases}$,表 1-4 是对应的真值表。针对训练样本集线性可分或者不可分的情况,神经元的权值向量和阈值的学习可以分别使用感知器规则或者基于梯度下降法的 α-LMS(Least Mean Square)算法。

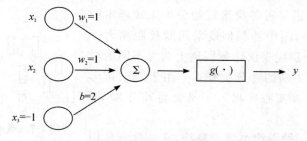

图 1-6　AND 感知器

表 1-4　AND 感知器对应真值表

x_1	x_2	$y = x_1$ AND x_2
0	0	0
0	1	0
1	0	0
1	1	1

神经网络能够对各种复杂问题进行有效建模,并且对噪声样本有着较强的鲁棒性。但是,模型可解释性差,需要靠经验来设定许多算法参数等缺点成为其弊病。

1.1.3.5 近邻分类

近邻分类起源于"物以类聚,人以群分"的思想。最简单的近邻分类算法是最近邻决策规则,即在训练数据集中寻找与待分类样本最相似的样本,直观地认为待分类样本与后者属于同一个类别。对于给定的两个样本 $X_1 = <x_{11}, x_{12}, \cdots, x_{1d}>$ 和 $X_2 = <x_{21}, x_{22}, \cdots, x_{2d}>$,二者之间的相似性可以采用欧氏距离(见公式 1-1)、曼哈顿距离(见公式 1-2)以及夹角余弦(见公式 1-3)等方式来度量。

$$dis(X_1, X_2) = \sqrt{\sum_{i=1}^{d} (x_{1i} - x_{2i})^2} \tag{1-1}$$

$$dis(X_1, X_2) = \sum_{i=1}^{d} | x_{1i} - x_{2i} | \tag{1-2}$$

$$\cos(X_1, X_2) = \frac{\sum_{i=1}^{d} x_{1i} x_{2i}}{\sqrt{\sum_{i=1}^{d} (x_{1i})^2} \sqrt{\sum_{i=1}^{d} (x_{2i})^2}} \tag{1-3}$$

图 1-7 是一个使用最近邻决策规则分类未知样本的例子。为了说明方便,图中的相似度采用欧氏距离来度量。长方形和椭圆分别代表训练数据集上两类不同的样本,三角形代表未知类别的待分类样本。由于与三角形最近的是椭圆样本(以实心标出),于是就将其分为"椭圆"类别。

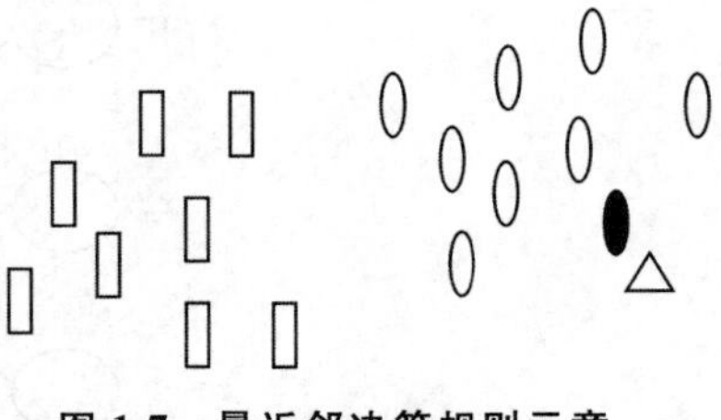

图 1-7　最近邻决策规则示意

显然,该算法是一种懒惰型学习算法,它并没有从训练样本之中学习得到显式的分类模型,因此需要保存所有的训练样本用于分类。

1.1.4 分类算法的应用

经过多年的研究和发展,分类算法已经被广泛地应用于日常生活的方方面面,安全监控、金融保险、生物信息学等众多领域都可以看到它的身影。下面简单介绍几种常见的商业应用。

1. 垃圾邮件处理

随着互联网技术的普及,电子邮件已经逐渐成为了人们常用的通信手段之一。虽然现在服务商提供的邮箱存储容量基本上在 1GB 以上,有足够的空间来容纳垃圾邮件,但是没有被过滤掉的垃圾邮件会造成很糟糕的用户体验。因此,如何对用户收到的邮件进行分类,过滤掉垃圾邮件的同时保留有用的邮件是服务商需要解决的一个重要问题。目前垃圾邮件过滤技术中最常用的是贝叶斯分类算法。在语义处理等其他学科技术的帮助下,算法通过对邮件的标题、主题和内容进行扫描和判别,判断某邮件是否属于垃圾邮件。

2. 贷款申请

众所周知,金融行业的竞争相当激烈。如何准确分析贷款申请人的信用风险,尽可能地批准最合适用户的贷款申请是每家商业银行最关注也是最棘手的问题。显然,这个问题的解决需要建立客户风险模型以对不同客户的贷款风险进行分类,即把申请者分为高风险、普通和低风险等类型。银行可以将足够的钱贷款给低风险客户,但对于高风险客户的申请要尽量避免。当然,由于行业的特殊性,建立此类分类模型需要大量客户个人资料以及贷款用途等相关信息。

3. 图像分类

近几年来,在巨大商机的驱动下,图像分类系统逐渐走向商用。百度、谷歌等搜索巨头纷纷推出了各自的图像搜索服务。人们通过输入关键字,就可以分类搜索到与其相关的图像资源。然而,它们所提供的图像分类系统仅仅是基于图像特征的文本描述和图像表层视觉特征。如果使用上述服务,仔细观察可以发现有很多与搜索主题不匹配的内容也被显示出来,这说明当前的图像分类性能还不是很令人满意,要改善它们的性能还需要从图像语义内在特征等方面着手。

4. 医疗服务

在过去,人们只能通过"望闻问切"等传统手段对疾病进行诊断。现在,虽然有了先进仪器和技术的帮助,医疗水平得到了显著提升,然而诊断主要还是靠医生的主观经验,难免会出现错误疏漏。未来的发展趋势是利用计算机技术对疾病进行自动识别以辅助医生进行诊断以及治疗。可行的步骤是首先对某种特定疾病的症状进行研究以抽取相应的特征,然后在其基础上确定分类规则并进一步建立医疗方案,最终实现误诊率的下降。

1.2 经典的近邻分类方法及其演变

【摘要】本节主要介绍经典的近邻分类算法kNN及其演变算法,演变算法主要从提高分类精度和效率两个方面进行改进。在本节的最后,还简单介绍了其他一些kNN改进算法及其应用。

1.2.1 经典的近邻分类方法

在最近邻决策规则的基础上,Cover 和 Hart[21] 提出了被列为数据挖掘十大经典算法[22]之一的k-最近邻(kNN)算法。kNN 算法由于简单而有效,已经被广泛应用于网络入侵检测、文本分类等众多应用领域。kNN 算法的核心思想是:

Step1:对于一个给定的未知样本 $X'=<x_1,x_2,\cdots,x_d>$,首先在训练数据集中搜索与 X' 最相似的 k 个样本$\{X_1,X_2,\cdots,X_k\}$,这些样本构成了 X' 的近邻集合 NN。

Step2:NN 内的样本使用最大投票策略来决定 X' 的类别。

通俗地说,在训练数据集上,如果待分类样本的 k 个最相似样本大多数来自于某个类别(不同相似性的度量方式见上一节介绍),那么有充分的理由相信该样本也属于这个类别。图 1-8 给出了一个应用 kNN 算法($k=3$)分类未知类别样本的例子。图中长方形和椭圆分别代表训练数据集上两类不同的样本,三角形代表未知类别的待分类样本,与待分类样本最相似的样本(采用欧氏距离度量)用实心标出。

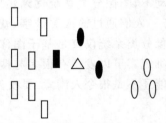

图 1-8　kNN 算法示意($k=3$)

如图 1-8 所示,设置近邻参数 $k=3$ 的情况下,与待分类样本最相似的 3 个训练样本中占多数的是椭圆样本,因此将其类别分为椭圆。值得注意的是,在同样的训练数据集上考虑选择的近邻个数 $k=5$ 的情况时,分类结果截然不同。如图 1-9 所示,与给定待分类样本最相似的样本同样用实心标出。由于与其最相似的样本集合中占大多数的变成了长方形样本,因此将未知样本的类别分为长方形,这与 $k=3$ 情况下的分类结果矛盾。

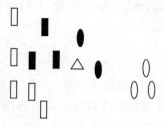

图 1-9　kNN 算法示意($k=5$)

从图 1-8 和图 1-9 中可以明显地看出,kNN 算法中近邻个数 k 的选择会对分类结果造成很大的影响,如何选择一个合适的 k 以提高 kNN 算法的分类精度成为了学者们关注的一个问题。此外,从上述算法流程能够发现 kNN 算法是一种懒惰型学习算法。在对未知类别的待分类样本进行分类时,算法需计算其与训练数据集中每个样本之间的相似性,因而分类效率较低。怎样提高 kNN 算法的分类效率成为学者们研究的另一个方向。

1.2.2 近邻分类方法的演变

传统 kNN 算法虽然具有简单、易实现和应用范围广等优点,然而近邻个数 k 难以确定、分类效率低下等成为其弊病。针对这些不足,学者们已经提出了多种改进方法,主要集中在分类精度、效率以及 k 值的自适应选择等方面。

1.2.2.1 提高 kNN 算法精度

传统的 kNN 算法在对未知样本进行分类时,对样本所有属性以及近邻集合内的所有样本等同对待,这无疑会影响算法的分类精度。因此,对 kNN 算法精度上的提高主要有特征加权、加权投票以及使用模糊化等方法。

1. 特征加权

对于某个特定的类别,数据空间中往往存在与其不相关的属性,表现为在全空间上该类别的样本是"分散的",只有在某些低维的子空间上才是"密集的"[23]。因此,为了更准确地度量两个样本之间的相似度,有必要考虑各个属性对不同类别的重要程度。假设训练样本集合中存在一个属于类别 y 的样本 X,特征加权方法就是在计算待分类样本与 X 的相似度时,将与类别 y 相关的属性赋予较大的权重,否则赋予较小的(趋于 0)的权重。

文献[24]使用一种基于"属性权重大小与同类样本投影到该属性上的分布离散程度成

反比"思想的特征加权方法。直观地说,如果训练数据集上同一类别的样本在某一属性上分布得越集中,该属性的重要程度就越高,就赋予该属性较大的权重。设 $Center_k = <c_{k1}, c_{k2}, c_{kd}>$ 为训练数据集上第 k 类样本的中心,采用公式(1-4)计算,其中 $Num(k)$ 表示训练数据集上属于第 k 类样本的数目。

$$c_{kj} = \frac{1}{Num(k)} \sum_{y_i = k} x_{ij} \tag{1-4}$$

那么,第 k 类样本属性 j 的权重 w_{kj} 使用公式(1-5)计算。这里,x_{ij} 表示训练样本 X_i 中属性 j 的取值,y_i 表示 X_i 的类别,Δ 是为避免分母为 0 而引入的一个很小的数值,实验中一般取 $\Delta = 10^{-4}$。

$$w_{kj} = \left(\sum_{m=1}^{d} \left(\frac{\sum_{y_i = k} [(x_{ij} - c_{kj})^2 + \Delta]}{\sum_{y_i = k} [(x_{im} - c_{km})^2 + \Delta]} \right)^2 \right)^{-1} \tag{1-5}$$

以欧氏距离为例,对于给定待分类样本 $X' = \{x_1', x_2', \cdots, x_d'\}$ 和训练数据集上属于第 k 类的样本 X_i,两者基于上述特征加权方法的相似度使用公式(1-6)计算:

$$dis(X', X_i) = \sqrt{\sum_{j=1}^{d} w_{kj} (x_{ij}' - x_{ij})^2} \tag{1-6}$$

Shin 等[25] 提出了一种基于神经网络中的前馈学习网络来学习样本各属性权重的灵敏度法,具体过程是:

Step1:使用前馈学习网络对训练数据集中每个样本进行学习,以样本的各个属性作为输入,样本的类别属性作为输出。当达到指定的训练精度或者迭代次数以后,学习结束。

Step2:使用建立好的神经网络对训练数据集中每个样本的类别进行预测,将所预测的样本 X_i 的类别以 p_i^0 表示。

Step3:依次去除每一个输入属性 $x_{ij}(j = 1, 2, \cdots, d)$(即将每一个与该输入有关的结点的权重设置为 0)。此时该神经网络所预测的样本 X_i 的类别以 p_i^j 表示。

Step4:使用公式(1-7)计算每个属性 j 的权重 w_j,其中 S_j 采用公式(1-8)计算。S_j 中的 n 表示训练样本集合中的样本个数。

$$w_j = \frac{S_j}{\sum_{l=1}^{d} S_l} \tag{1-7}$$

$$S_j = \left(\sum_{i=1}^{n} \frac{|p_i^0 - p_i^j|}{p_i^0} \right) / n \tag{1-8}$$

从公式(1-8)可以直观地看出,当属性 j 对分类的重要程度很高时(表现为删除属性 j 会导致已经训练好的神经网络的分类精度出现很大程度的下降),其对应的权重也相应地增大。

此外,学者们已经提出的其他加权方式包括 Gini 指数[26]以及词频—逆向文本频率(TF-IDF)加权技术[27]等。

2. 加权投票

在基于加权投票的改进 kNN 算法中,近邻集合内的样本不再是采用统一的权重来决定待分类样本的类别,而是对集合内的样本赋予不同的权重来体现各自对未知样本的影响。

加权投票方式中最直观的做法是将相似度转化为相应的权值。使用欧氏距离时,近邻集合内与待分类样本较近的样本在投票时被赋予较大的权重。随着距离的逐渐增大,权重也相应地减小。Dudani[28]提出的 WkNN(Weighted-kNN)算法就是基于该思想提出的改进 kNN 算法。给定待分类样本 X',设 $NN=\{X_1,X_2,\cdots,X_k\}$ 是按照距离降序排列的 X' 近邻集合,即有 $dis(X',X_1)\leqslant dis(X',X_k)$。那么近邻集合内,样本 X_i 进行投票的权重为:

$$w_i = \begin{cases} \dfrac{dis(X',X_k)-dis(X',X_i)}{dis(X',X_k)-dis(X',X_1)} & \text{if } dis(X',X_k)\neq dis(X',X_1) \\ 1 & \text{if } dis(X',X_k)=dis(X',X_1) \end{cases}$$

根据上述权重,待分类样本 X' 的类别为:

$$y' = \arg\max_y \sum_{X_i \in NN} w_i \times \delta(y = y_i)$$

其中 y_i 表示近邻集合 NN 中样本 X_i 的类别,$\delta(y=y_i)$ 是一个狄拉克 δ 函数(当 $y=y_i$ 时,函数的取值为 1,否则为 0)。此后,Bailey 等[29]对 WkNN 算法进行了进一步的理论研究。

由于在样本分布稀疏的区域中,k 个近邻样本组成的局部邻域比较大,因此待分类样本的近邻选择容易趋向于样本分布比较密集的区域,也就是说分布密集区域内的样本更容易被选中作为待分类样本的近邻。这样无疑使得分类结果偏向于样本个数较多的类别。针对以上问题,刘海峰等[30]通过加大待分类样本与数据稀疏区域内样本的相似度来降低训练数据集上样本分布不均对相似度造成的影响,提出了一种基于密度的 kNN 改进算法。算法中待分类样本 X' 与其近邻 X 的距离 $dis(X',X)$ 为:

$$dis(X',X) = \frac{\|X'-X\|}{\sqrt{\dfrac{1}{n}\sum_{i=1}^{n}\|X-X_i\|}\sqrt{\dfrac{1}{n}\sum_{i=1}^{n}\|X'-X_i\|}}$$

其中 $\|X'-X\|$ 表示 X' 与 X 的欧氏距离,n 表示训练样本个数。类似的算法还有同样基于密度的加权投票法[31]等。

值得注意的是,近邻集合内的样本权重不会为 0。虽然特征加权和投票加权方法在一定程度上能够有效提高 kNN 算法的分类精度,然而,分类精度的提高是以牺牲算法分类效率为代价得到的,这两种方法无一不加大了 kNN 算法本身就很高的计算复杂度。

3. 模糊化的 kNN 算法

为了降低 kNN 算法中参数 k 设置的不同以及训练样本分布不均对分类结果造成的影

响,Keller 等[32]将模糊理论运用于 kNN 算法中,提出了一种模糊化的 kNN 算法——FKNN。FKNN 并不简单地直接指定待分类样本属于哪一个类别,而是通过隶属度函数给出其对于每一个类别的隶属度,最终通过不同类别隶属度的高低决定待分类样本的类别,具体过程如下。

假定数据集中有 m 个类别,分别用 $C_1,C_2,\cdots,C_m$ 表示。待分类样本 X' 在训练数据集上的近邻集合 $NN=\{X_1,X_2,\cdots,X_k\}$,其对应的类别分类为 $\{y_1,y_2,\cdots,y_k\}$,那么 X' 属于类别 $l(l=1,2,\cdots,m)$ 的隶属度为:

$$u_l(X')=\frac{\sum\limits_{j=1}^{k}u_{lj}\left(\dfrac{1}{\parallel X'-X_j\parallel^{2/(m-1)}}\right)}{\sum\limits_{j=1}^{k}\left(\dfrac{1}{\parallel X'-X_j\parallel^{2/(m-1)}}\right)}$$

以 n_l 表示 S 中属于 l 类的样本个数,u_{lj} 的计算方法为:

$$u_{lj}=\begin{cases} 0.51+\dfrac{n_l}{k}\times 0.49 & l=y_j \\[3mm] \dfrac{n_l}{k}\times 0.49 & l\neq y_j \end{cases}$$

算法选择使得类隶属度 $u_l(X')$ 最大的类别作为待分类样本 X' 的类别。

关于模糊化 kNN 算法的研究还有很多[33]。然而,对于此类算法,隶属函数的设置对于分类结果有着直接的影响。如何设置一个合理的隶属度函数仍是学者们进一步探讨的研究方向。

1.2.2.2 提高 kNN 算法效率

在提高 kNN 算法效率方面,传统的方法是使用特征抽取或者特征选择对训练数据集和待分类样本进行处理,降低样本属性个数以减少计算未知样本与训练样本之间相似度的开销,来达到提高算法效率的目的。此外,学者们还对训练数据集的优化以及搜索方法进行了深入研究。

1. 训练数据集优化

对于训练数据集的优化通常有两种方法:

(1)对训练数据集内样本的数量进行限制,删除那些对分类决策用处不大的样本。

Wilson 等[34]提出了一种基于"最近邻链"的 TRKNN(Template Reduction for KNN)算法。利用建立好的"最近邻链",TRKNN 算法将原始训练数据集合分为压缩集合与被约简集合两个部分。压缩集合内的样本通常是那些处在分类边界的样本,被用作新的训练集。而被约简集合由那些处在类别内部的样本构成。以两类问题为例,建立原始训练数据集内来自于类别 1 的某一样本 X_{i0} 的"最近邻链"的过程如下:

Step1：在属于类别 2 的样本中找到与 X_{i0} 最相似的样本，将其标记为 X_{i1}，以 $X_{i1}=NN(X_{i0})$ 表示。

Step2：在来自类别 1 的样本中找到和 X_{i1} 最相似的样本 $X_{i2}=NN(X_{i1})$。

Step3：重复以上步骤（即 $X_{i,j+1}=NN(X_{ij})$），直到最后的两个样本彼此互为最近邻。

图 1-10 给出了一个最近邻链的例子，其中长方形和椭圆分别代表训练数据集上两类不同的样本，样本之间的相似性采用欧氏距离度量。从图 1-10 中可以看出，沿着最近邻链的方向，越往后，相邻的样本之间的距离不断减小并且趋于稳定，也越来越靠近两类样本的边界。TRKNN 算法约简训练样本数量的思想就是：在整个训练数据集中只需保留这些处在类别边界的样本，就可以在保证分类精度的前提下，减少训练数据集中样本的数量。

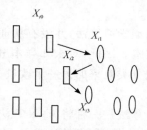

图 1-10　最近邻链示意图

算法约简样本的具体做法是：对于样本 X_{i0} 的近邻链，设 d_{ij} 为近邻链上两个相邻样本 X_{ij} 和 $X_{i,j+1}$ 之间的距离，即 $d_{ij}=\parallel X_{i,j}-X_{i,j+1}\parallel^{2}$。如有

$$d_{ij}>\alpha\cdot d_{i,j+1}$$
$$s.t.\quad \alpha>1,j=0,2,4,\cdots$$

那么删除该近邻链中的样本 X_{ij}。值得注意的是，j 取偶数是为了保证 X_{i0} 的近邻链中被约简的都是来自于同一类别的样本（即与 X_{i0} 的类别相同）。算法为训练数据集上的每个样本建立近邻链，并进行如上的样本约简判定。如果出现某个样本在一次约简中被删除，而在另一次约简中被保留的情况，算法还是保留该样本以最大可能地保证 kNN 算法的分类正确率。

文献[35]认为在训练数据集中，那些靠近各类类别中心附近的样本对分类并没有起到很大的作用，删除这些训练样本能够大大地提高分类效率。该方法无疑能够提高传统 kNN 算法分类速度。然而，这种方法带来的问题是分类精度的降低，如何定义那些对分类决策用处不大的样本也存在一定的问题。在此基础上，众多学者进行了进一步的研究，相关工作包括文献[36,37]等。

（2）在原始训练样本中选择或者生成一些代表，用这些代表替代原始训练样本。常用的方法是对训练数据集中的每个类进行聚类，保存聚类中心作为代表。

针对文档分类问题,文献[38]采用 K-means 聚类算法[39],分别对每个类别的文档进行聚类,各类别样本的聚类个数为 m,其中:

$$k<m<样本数最少的类别中的文档数$$

算法保存这 m 个聚类的中心,以代替原始训练样本建立分类模型。该方法同样大大减少了需要与未知样本进行相似性计算的训练样本数目,有效地提高了分类效率。

相似的工作还有王晓晔等[40]提出的使用 CURE 聚类方法来压缩训练样本集合的 IMKNN(Improved k-nearest neighbor)算法。区别于文献[38]中提出的算法,IMKNN 算法通过观察不同聚类个数下原始训练数据集的分类精度,来确定最终每个类别的聚类个数。然而,此类算法的分类精度依赖于聚类方法的选择和聚类的数目。

2. 搜索方法改进

传统的 kNN 算法是一种懒惰型学习算法,并没有从训练样本之中学习得到显式的分类模型,而是简单地保存所有训练样本。因此,对未知样本分类时,算法需要计算它与所有训练样本之间的距离。对 kNN 算法分类效率的另一个改进方向是对近邻搜索方法进行改进。

(1)模型化的 kNN 算法

Guo 等[41]提出的 kNNModel 算法是一种将 kNN 算法模型化的改进算法。算法的核心思想是根据训练样本在空间中的分布情况,自动生成每个类别样本对应的模型簇。之后,算法利用模型簇作为分类的基础,进而约简了数据并解决了传统 kNN 算法中参数 k 难以确定的问题。对于给定的测试样本,kNNModel 算法根据其落入的模型簇确定类别。如果测试样本未被任何模型簇覆盖,则将簇边界距离测试样本最近的模型簇的类别赋予该测试样本。

显然,由于将 kNN 算法改进为急切型学习算法,算法的分类效率得到了提高,所占用的存储空间也大大降低。由于 kNNModel 算法是一种非增量的学习方法,这限制了它在一些领域的应用。郭躬德等[42]提出了一种基于 kNNModel 算法的增量学习算法。此后,黄杰等[43]提出了一种对应的模型簇修建策略,进一步完善了 kNNModel 算法体系。关于 kNNModel算法的细节将在后面的章节中进行详细介绍。

(2)超球体搜索方法

文献[44]中首次提出了将最近邻集合的搜索空间限定于一个超球体(Super Ball)里的思想。所谓超球体,指以待分类样本 X' 为中心,以训练数据集上与其第 k 近样本的距离为半径的一个区域。这种做法避免了在全局搜索 X' 的最近邻,有效缩小了搜索范围。然而,算法中对超球体半径的增长并没有进行深入的研究。当训练数据集上的样本稀疏时,试探次数显著增加。针对以上问题,余小鹏等[45]提出了一种自适应的算法。算法通过采样,为超球半径的增长建立相应的 BP 神经网络模型以逼近半径变化函数,从而利用半径变化函数来指导超球体半径的增长,以达到减少试探次数、节约搜索给定样本的近邻所花费时间的目的。

（3）利用智能算法指导近邻搜索

张国英等[46]提出一种基于粒子群优化的快速 kNN 分类算法。算法的核心思想是利用粒子群优化方法的随机搜索能力来指导 kNN 算法的近邻搜索。在训练数据集中搜索给定待分类样本 X' 近邻集合的过程中，粒子群跳跃式移动，排除大量不可能成为 X' 的近邻的样本，进而提高 kNN 算法的时间效率。

（4）变精度粗糙集法

众所周知，粗糙集可以被用于刻画每个类别的样本在空间中的分布情况[47]。余鹰等[48]提出了一种基于变精度粗糙集的 kNN 分类算法。在进行分类之前，算法先利用不对称变精度粗糙集的上下近似概念来分别描述训练数据集中每个类的上、下近似区域。某类的上近似描述的是该类样本所在的位置和大致形状，下近似反映的是该类样本的边界。在分类过程中，算法计算待分类样本与各类的近似程度，找到待分类样本的归属区域以决定其类别。实验证明新算法能够在保持较高分类精度的前提下，有效提高分类效率。

1.2.2.3　k 值的选择

关于 kNN 算法中 k 值的选择，理论上可以采用穷举法，尝试所有可能的取值，然后在其中选择一个最好的作为近邻数目 k。显然，在实际应用中这种方法带来的时间开销难以令人满意。目前，已经有不少学者提出了多种不同的方法来确定 k 值。文献[49]指出最优 k 值的取值范围是 $\left[1,\sqrt{n}\right]$，其中 n 表示训练样本数目。Gates[50]认为待分类样本的近邻集合中至少需要有 $m+1$（m 为训练数据集上样本的类别数）个样本来自正确的类别才能保证分类的准确性，因而建议 $k=2\times m+1$。文献[51]通过留一交叉验证法（leave-one-out cross-validation）来自适应地进行 k 值的选择，实验表明该方法在某些特定应用领域中的分类效果要优于传统 kNN 算法。

此外，学者们也尝试使用不同的智能优化算法来解决 kNN 算法中参数 k 难以确定的问题，具体的工作包括粒子群算法[52]以及遗传算法[53]等。然而，这些算法并没有对 k 值的选择做出理论上的分析。

1.2.2.4　其他改进方法

（1）李蓉等[54]将 kNN 算法与 SVM 算法相结合以提高算法的分类精度。在分类样本阶段，算法首先计算待分类样本 X' 与最优分类超平面间的距离。如果该距离大于事先设定好的阈值，那么直接使用 SVM 算法对其进行分类。否则，将所有类别的各支持向量作为新的训练数据集，在该集合中寻找 X' 的近邻，使用 kNN 算法对 X' 进行分类。实验表明新算法比单独使用 SVM 算法或者 kNN 算法具有更高的分类精度。与其类似的工作还有文献

[55]中提出的用于 Web 数据挖掘的 SVM-kNN 算法等。

(2)Liu 等[56]提出了一种称为 mKnnc 的 kNN 改进算法。算法利用互 k 近邻原则对待分类样本 X' 的近邻进行筛选,消除其中的"伪近邻",使得 X' 与其邻居的关系更加紧密,进而提高算法的分类精度。算法的核心思想是:在找到待分类样本 X' 在训练数据集上的近邻集合 $NN = \{X_1, X_2, \cdots, X_k\}$ 之后,依次判断 X' 是否为 $X_i(i=1,2,\cdots,k)$ 的 k 近邻之一。如果 X' 不是 X_i 的 k 近邻之一,那么将 X_i 从集合 NN 中删除。如果 X' 不是 NN 中任一样本的 k 近邻,那么只保留 NN 中与 X' 最相似的一个邻居。

(3)由于 kNN 算法并不能直接处理没有类别标记的训练数据,因此陆广全等[57]提出了一种基于 kNN 的半监督分类改进算法。算法的具体步骤是:

Step1:把数据集分成若干个子集。

Step2:对于每个子集中的样本,如果该样本没有类别标记,那么根据某种相似度度量寻找其最近邻集合。为了提高半监督学习的效果,根据近邻集合中的样本到给定样本距离的不同,采用不同的投票权值使用最大投票策略决定其类别。

Step3:用每个子集中的样本组成新的训练数据集。

1.2.2.5 kNN 算法及其应用

和文全等[58]提出了一种基于 kNN 算法的支持向量机(SVM)分类方法。针对 SVM 算法对噪声以及孤立点敏感、当数据集样本个数较多时分类速度慢的缺点,新算法利用 kNN 算法进行样本数目的约简。算法的思路是首先寻找出训练数据集中每个样本的 k 个最近邻。如果在某样本的最近邻集合中,同类样本的数量少于给定的阈值 $\varepsilon\left(0<\varepsilon\leqslant\dfrac{k}{2}\right)$,那么将该样本从训练数据集中删除。经过筛选后的样本集作为新的训练数据集参与 SVM 算法的学习,实验验明了该方法的有效性。

翁芳菲等[59]提出了一种基于 kNN 的聚类融合方法。在算法中,最近邻思想被用作数据点间相似度的度量。算法多次寻找数据集中每个样本的近邻集合,每次使用随机选取的不同 k 值。对于每个样本对 (p,q),如果样本 p 在样本 q 的最近邻集合中或者样本 q 在样本 p 的最近邻集合中,那么相应地增加样本 p 和样本 q 之间的相似度。最后,根据以上步骤所形成的样本之间的相似度矩阵,在设定相应的相似度阈值之后,使用 single-link 聚类算法[60]构建层次聚类树。

参考文献

[1]J. Han, M. Kamber. 数据挖掘:概念与技术. 北京:机械工业出版社,2001.

[2]R. Agrawal, R. Srikant. *Fast algorithms for mining association rules*. Proceedings

of the 20th International Conference on Very Large Data Bases,1994,487~499.

[3]A. K. Jain, M. N. Murty, P. J. Flynn. *Data clustering : a review*. ACM Computing Surveys, 1999,31(3):264~323.

[4]S. Ruggieri. *Efficient C*4. 5. IEEE Transactions on Knowledge and Data Engineering,2002,14(2):438~444.

[5]X. Zhu, A. B. Goldberg. *Introduction to semi-supervised learning*. Synthesis Lectures on Artificial Intelligence and Machine Learning,2009,3(1):1~130.

[6]I. H. Witten, E. Frank. 数据挖掘:实用机器学习技术. 北京:机械工业出版社,2007.

[7]陈伟,王昊,朱文明. 基于孤立点检测的错误数据清理方法. 计算机应用研究,2005,5 (11):71~73.

[8]秦进,陈芙蓉,汪维家等. 文本分类中的特征抽取. 计算机应用,2003,23(2):45~46.

[9]I. T. Jolliffe. *Principal componment analysis*. Journal of the American Statistical Association,2003,98(1):1082~1083.

[10]S. Mika, G. Ratsch, J. Weston, et al. *Fisher discriminant analysis with kernels*. Proceedings of IEEE Neural Networks for Signal Processing Workshop,1999,8(9):41~ 48.

[11]P. Toronen, M. Kolehmainen, W. Getal. *Analysis of gene expression data using self-organizing maps*. FEBS Letters,1999,451(2):142~146.

[12]毛勇,周晓波,夏铮等. 特征选择算法研究综述. 模式识别与人工智能,2007,20(2): 211~218.

[13]秦锋,杨波,程泽凯. 分类器性能评价标准研究. 计算机技术与发展,2006,16(10): 85~88.

[14]J. Li, G. Dong, K. Ramamohanarao, et al. *DeEPs : A new instance-based lazy discovery and classification system*. Machine Learning,2004,54(2):99~124.

[15]J. R. Quinlan. *Induction of decision tree*. Machine Learning,1986,1(1):81~106.

[16]K. R. Muller, S. Mika, G. Ratch, et al. *An introduction to kernel-based learning algorithm*. IEEE Transactions on Neural Networks,2001,12(2):181~202.

[17]N. Friedman, D. Geiger, M. Goldszmidt. *Bayesian network classifiers*. Machine Learning,1997,29(1):131~163.

[18]R. P. Lipplann. *An introduction to computing with neural nets*. IEEE ASSP Magazine,1987,3(4):4~22.

[19]J. R. Quinlan. *Discovering rules from large collections of examples : A case study*. Expert Systems in the Micro-electronic Age,1979,168~201.

[20]罗可,林睦纲,郜东妹.数据挖掘中分类算法综述.计算机工程,2005,31(1):3~5.

[21]T. M. Cover, P. E. Hart. *Nearest neighbor pattern classification*. IEEE Transactions on Information Theory,1967,13(1):21~27.

[22]Q. Yang, X. Wu. *10 Challenging problems in data mining research*. International Journal of Information Technology and Decision Making,2006,5(4):597~604.

[23]C. C. Aggarwal, C. Procopiuc, J. L. Wolf, et al. *Fast algorithm for projected clustering*. Proceedings of the ACM-SIGMOD,1999,61~71.

[24]张健飞,陈黎飞,郭躬德等.多代表点的子空间分类算法.计算机科学与探索,2011,5(11):1037~1047.

[25]C. K. Shin, U. T. Yun, H. K. Kim, et al. *A hybrid approach of neural network and memory-based learning to data mining*. IEEE Transactions on Neural Networks,2000,11(3):637~646.

[26]尚文倩,黄厚宽,刘玉玲等.文本分类中基于基尼指数的特征选择算法研究.计算机研究与发展,2006,43(10):1688~1694.

[27]陆玉昌,鲁明宇,李凡等.向量空间法中单词权重函数的分析和构造.计算机研究与发展,2002,39(10):1205~1210.

[28]S. A. Dudani. *The distance-weighted k-nearest neighbor rule*. IEEE Transactions on System, Man and Cybernetics,1976,6(4):325~327.

[29]T. Bailey, A. K. Jain. *A note on distance weighted k-nearest neighbor rules*. IEEE Transactions on Systems, Man and Cybernatics,1976,8(4):311~313.

[30]刘海峰,汪泽焱,姚泽清等.文本分类中一种基于密度的 KNN 改进方法.情报学报,2009,28(6):834~838.

[31]孙堂彩,张利彪,周春光等.加权 K 近邻和加权投票相结合的虹膜识别算法.小型微型计算机系统,2010,31(9):580~585.

[32]J. M. Keller, M. R. Gray, J. A. Givens. *A fuzzy k-nearnest neighbor algorithm*. IEEE Transactions on Systems, Man and Cybernetics,1985,15(4):580~585.

[33]吕峰,杜妮,文成林.一种模糊—证据 kNN 分类方法.电子学报,2012,40(12):2390~2395.

[34]D. R. Wilson, T. RMarinez. *Reduction techniques for instance-based learning algorithms*. Machine Learning,2000,38(3):257~286.

[35]P. E. Hart. *The condensed nearest neighbor rule*. IEEE Transactions on Information Theory,1968,14(3):515~516.

[36]K. Chidananda, G. Krishna. *The condensed neareset neighbor rule using the con-

cept of mutual nearest neighbor. IEEE Transactions on Information Theory,1979,25(4): 488~490.

[37]F. Angiulli. *Condensed nearest neighbor data domain descerption*. IEEE Transactions on Pattern Analysis and Machine Intelligence,2007,29(10):1746~1758.

[38]张孝飞,黄河燕. 一种采用聚类技术改进的 KNN 文本分类方法. 模式识别与人工智能,2009,22(6):986~996.

[39]S. B. Kotsiantis, P. E. Pintelas. *Recent advances in clustering:A brief survey*. WSEAS Transactions on Information Science and Application,2004,11(1):73~81.

[40]王晓晔,王正欧. K-最近邻分类技术的改进算法. 电子与信息学报,2005,27(3): 487~491.

[41] G. Guo, H. Wang, D. Bell, et al. *KNN model-based approach in classification*. Proceedings of the 9th International Conference on Cooperative Information Systems, 2003,986~996.

[42]郭躬德,黄杰,陈黎飞. 基于 KNN 模型的增量学习算法. 模式识别与人工智能, 2010,23(5):701~707.

[43]黄杰,郭躬德,陈黎飞. 增量 KNN 模型的修剪策略研究. 小型微型计算机系统, 2011,5(5):845~849.

[44]B. Zhang,S. N. Srihari. *Fast k-nearest neighbor classification using cluster-based trees*. IEEE Transactions on Pattern Analysis and Machine Intelligence,2004,26(4):525~ 528.

[45]余小鹏,周德翼. 一种自适应 k-最近邻算法的研究. 计算机应用研究,2006,1(2): 70~72.

[46]张国英,沙芸,江慧娜. 基于粒子群优化的快速 KNN 分类算法. 山东大学学报(理学版),2006,41(3):120~123.

[47]P. Lingras, W. Chad. *Interval set clustering of Web users with rough k-means*. Journal of Intelligent Information Systems,2004,23(1):5~16.

[48]余鹰,苗夺谦,刘财辉等. 基于变精度粗糙集的 KNN 分类改进算法. 模式识别与人工智能,2012,25(4):617~623.

[49]G. Gora, A. Wojna. *RIONA:A classifier combining rule induction and k-NN method with automated selection of optimal neighborhood*. Proceedings of the 13th European Conference on Machine Learning,2002,111~123.

[50]G. Gates. *The reduced nearest neighbor rule*. IEEE Transactions on Information Theory,1972,18(3):431~433.

[51]T. Dietterich, D. Wettschereck, D. Wettschereck, et al. *Locally adaptive nearest neighbor algorithm.* Advances in Neural Information Processing System,1994,184~191.

[52]李欢,焦建民.简化的粒子群优化快速 KNN 分类算法.计算机工程与应用,2008, 44(32):57~59.

[53]王小青.基于并行遗传算法的 KNN 分类算法.西南师范大学学报(自然科学版), 2010,35(2):103~106.

[54]李蓉,叶世伟,史忠植.SVM-KNN 分类器——一种提高 SVM 分类精度的新方法. 电子学报,2002,30(5):745~748.

[55]曾俊.结合 SVM 和 KNN 的 Web 日志忘记技术研究方法.计算机应用研究,2012, 29(5):1926~1928.

[56]H. W. Liu, S. C. Zhang. *Noisy data elimination using mutual k-nearest neighbor for classification mining.* Journal of Systems and Software,2012,85(5):1067~1074.

[57]陆广泉,谢扬才,刘星等.一种基于 KNN 的半监督分类改进算法.广西师范大学学报,2012,30(1):45~49.

[58]和文全,薛惠峰,解丹蕊等.基于 K 近邻的支持向量机分类方法.计算机仿真, 2008,25(11):161~163.

[59]翁芳菲,陈黎飞,姜青山.一种基于 KNN 的聚类融合算法.计算机研究与发展(增刊),2007,44(1):187~191.

[60]石剑飞,闫怀志,牛占云.基于凝聚的层次聚类算法的改进.北京理工大学学报, 2008,28(1):66~69.

第2章 近邻模型系列方法及其应用

2.1 k 近邻模型分类算法

【摘要】本节介绍 k 近邻模型分类算法(kNNModel),它较好地克服了 k 最近邻算法低效率和性能依赖 k 值选择的缺点。它通过对数据构造一个 kNN 模型,以此替代原始数据作为分类的基础。它根据数据分布情况的不同自动确定局部优化的 k 值,以提高分类精度。模型的构建减少了算法对 k 值的依赖,同时提高了分类的效率。该方法在 UCI 机器学习库的一些公共数据集上获得了验证。

2.1.1 引言

k 最近邻(kNN)是一种无参分类方法,既简单又有效[1],有着广泛的应用领域。给定一个待分类的数据 t,当对 t 进行分类时,它首先检索出 t 的 k 个最近邻,并以此形成 t 的一个邻域。在 t 邻域中的数据通过类别投票方式(少数服从多数)来决定 t 的分类结果(投票方式分为基于距离加权与不加权两种方式)。然而,kNN 算法在实际应用时,需要选择一个合适的 k 值,算法的分类性能在一定程度上取决于 k 值的选择。k 值的选择方式有很多,其中一个简单的方式是选择不同的 k 值执行算法,最后在不同的 k 值中选择出一个分类效果最好的 k 值。

为了减少 kNN 对 k 值的依赖性,Wang[2] 提出着眼于多组 k 最近邻而不仅仅是一组 k 最近邻。该方法基于上下文概率,通过结合各个类别的多组最近邻对分类的影响来给定一个更加可靠的 k 值。然而,这种方法执行起来相对较慢,尽管它确实是更少依赖 k 值并能够实现跟最好的 k 值的分类效果接近,但是该方法分类一个新样本的时间复杂度为 $O(n^2)$。

kNN 分类一个新的实例需要较高的成本。由于 kNN 所有的计算时间几乎都花费在样本分类时而不是训练样本构建模型时(它没有建模)。虽然 kNN 很早就已经应用于文本分类,并在 Reuters 语料库——文本分类的一个基准语料库中证明它是最有效的方法之一[3]。作为一个没有事先建立模型的懒惰型学习方法,它的效率不足以运用于大型数据库的动态分类领域。尽管存在旨在减少查询所需计算时间的各种技术和手段[10,11]，如索引训练样本等，但这超出了本节所要介绍的内容。

为了解决上述问题，本节介绍一个 kNN 类型的分类方法，称为 kNNModel[15]。该方法从训练数据集中构建模型，并使用该模型来分类新样本。所构建的模型由一组从训练集中挑选的代表并辅以其他一些信息组成，每个模型表示数据空间的一块区域。

本节其他部分组织如下：2.1.2 节讨论该领域的相关研究。2.1.3 节介绍 kNNModel 建模和分类的基本概念思想，建模和分类过程通过一个实例和相关图表进行说明。在 2.1.4 节中描述和讨论了实验结果。最后，在 2.1.5 节对 kNNModel 方法进行了总结。

2.1.2 相关工作

这个工作是之前数据简化(DR)[4]研究工作的一个延续。数据简化的好处在于原始数据和简化后的数据都可以由超关系表示。集合的超关系可以以一种自然的方式形成一个完整的布尔代数，所以，对于超元组集合可以找到其唯一的最小上界(块)，作为一个简化代表。实验结果表明，数据简化可以获得相对较高的简化效率，同时保持其分类精度。然而，因为大部分时间都花在尝试可能的合并，因此它在模型构造中相对缓慢。

由于 kNN 分类器需要存储整个训练集，当训练集很大时，耗费的成本可能过于昂贵，所以许多研究人员试图通过去除冗余训练集来缓解这个问题[5,6,7,8]。Hart[5]通过最大限度地减少存储模型的数量和在分类时只存储训练集一个子集的方法，提出了一个计算上相对简单的局部搜索方法——压缩近邻(CNN)。该方法的基本思想是，训练集中的模型可能非常相似，并且一些模型没有添加额外的信息，因此可以被丢弃。Gate[6]提出了简化近邻(RNN)规则，旨在应用 CNN 后进一步降低存储的子集。基于去除子集中那些不会引起错误的元素的思想，为提高分类精度，Alpaydin[7]在多个学习器中研究投票方案。Kubat 等[8]提出了一个选择 3 个很小实例集合的方法，比如：当作为 1-NN 子分类器时，每个集合往往只在实例空间中不同部分出错。该方法通过简单投票就可纠正个别子分类器中的错误。这些方法在一些公共数据集上的实验结果在文献[9]中报道。

本节所介绍的基于模型的 kNN 方法与 DR 及其他压缩近邻方法有所区别。它通过寻找一组代表来构造一个模型，这些代表具有基于相似原理从训练数据集中获得的一些额外信息。创建的代表可以视为数据空间中的一块区域，用于下一步的分类。

2.1.3 模型构造和分类算法

2.1.3.1 kNNModel 的基本思想

kNN 是一种基于样例的学习方法,在分类中使用到所有的训练集数据。作为一个懒惰型学习方法,它在许多领域的应用受到限制,如海量数据库的动态网页挖掘。提高效率的方法之一是在整个训练数据集上寻找一些代表,也就是说从训练数据集上构建一个归纳学习模型,并使用这个模型(一组代表)来进行分类。许多常用的分类算法如决策树、支持向量机和神经网络,它们便是建立这样一个模型。对于不同的分类算法的一个评价标准就是它的分类性能。kNN 作为一个简单而有效的分类方法,在 Reuters 的新闻报道语料库的文本主题分类中已被证明是最有效的方法之一,它启发我们利用 kNN 的机理去构建模型来提高它的效率,同时保持它的分类精度。

图 2-1 所示为分布在二维空间中的一个训练集样例,该数据集只包含两个类别(方块,圆)的 36 个样本点。

使用欧氏距离作为相似性度量时,显然,许多具有相同类标签的数据点在许多地方相互邻近。以图 2-2 中的中心数据点 d_i 为例,在每一个局部区域中都具有一些额外的信息,比如 $Num(d_i)$——在这一块数据区域中样本点的数目,和 $Sim(d_i)$——在这块区域中最远的点离中心数据点 d_i 的相似度。这两个信息也许就是这块区域很好的一组代表(representative)。如果把这些代表作为模型来代表整个训练数据集,这将大大减少用于分类的数据点的数量,从而提高效率。很明显,如果一个新的数据点被一个代表覆盖,那么它将分类为这个代表的类标签。如果新数据点没有被任何一个代表覆盖,我们可以计算出新数据点到每个代表最近边界的距离,把每个代表最近的边界作为一个数据点,然后按照 kNN 方法分类新数据。

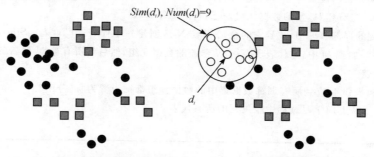

图 2-1　数据样本点的空间分布　　图 2-2　求出的第一个代表.

在模型构造过程中,每个数据点都可以搜索到一个最大的邻域,该邻域覆盖了具有相同类标签的最大数量的数据点。这个最大的邻域称为局部邻域。最大的局部邻域称为全局邻域,可以看作是一个"代表"(representative)来代表所有被它覆盖的数据点。对于没有被任何代表覆盖的数据点,重复上述搜索过程直到所有的数据点都被选择的代表们覆盖。很明显,对于该方法来说,模型构建过程并不需要选择一个特定的 k 值,实际上,被一个代表覆盖的样本点数量可以视为一个优化的 k 值,根据数据在空间中的分布情况,不同的代表 k 取值不同。在模型构造过程中,k 值是自动生成的。显然,使用通过上述方式选定的一组代表作为分类模型不仅可以降低用于分类的数据数量,也能显著提高其效率。从这个角度来看,该方法克服了 kNN 方法两个固有的缺点。

2.1.3.2 模型构造和分类算法

设 D 代表一个具有 n 个类别的数据元组集合 $\{d_1, d_2, \cdots, d_n\}$。其中 $d_i \in D$,以空间向量形式表示,记为 $d_i = <w_{i1}, w_{i2}, \cdots, w_{im}>$,$w_{ij}$ 在文本分类中可以用 TF-IDF 算法加权表示。为了避免限制算法到某个具体应用,使用术语"数据元组"来代表所有类型的数据。同样,术语"相似性度量"可以是任何相似性度量,如欧氏距离或余弦相似度,只要它们适合给定的应用。为简单起见,这里用欧氏距离作为相似性度量来描述下面的算法(称为 kNNModel)。

详细的模型构造算法描述如下。

算法 2-1 kNNModel 模型构造算法

输入:训练数据集

输出:kNNModel 模型

Begin

1. 选择一个相似性度量,并根据给定的训练数据集创建一个相似矩阵

2. 给所有的数据元组都设置一个"未分组"的标签

3. 对于每个带有"未分组"标签的数据元组,找到它的局部邻域

4. 在第 3 步找到的局部邻域中,找到它的全局邻域 N_i。创建一个代表 $<Cls(d_i), Sim(d_i), Num(d_i), Rep(d_i)>$ 并添加到 M 中,它代表所有被 N_i 覆盖的数据元组,然后将所有被 N_i 覆盖的数据元组的标签设为"已分组"

5. 重复步骤 3 和步骤 4,直到所有训练数据集中的数据元组都被设置为"已分组"

6. 模型 M 包含了从上面学习过程中收集到的所有代表

End

在上面的算法中,M 代表所创建的模型。代表 $<Cls(d_i), Sim(d_i), Num(d_i), Rep(d_i)>$ 中

的每个元素分别表示中心点 d_i 的类别标签、被全局邻域 N_i 覆盖的数据元组到中心点 d_i 的最低相似度、被全局邻域 N_i 覆盖的数据元组的数量、中心点 d_i 本身。在步骤(4)中，如果有不止一个局部邻域覆盖最大数量的数据元组，那么选择一个最小值的 $Sim(d_i)$，也就是选取密度最高的邻域作为代表。

分类算法描述如下。

算法 2-2　分类算法 kNNModel

输入：分类模型 kNNmodel，待分类样本 d_t

输出：d_t 的类别

Begin

1. 当分类新的数据元组 d_t 时，计算它到模型 M 中所有代表中心点的相似度

2. 如果 d_t 只被一个代表 $<Cls(d_j),Sim(d_j),Num(d_j),Rep(d_j)>$ 覆盖，也就是说 d_t 到 d_j 的欧氏距离小于 $Sim(d_j)$，则将 d_j 类别作为 d_t 的分类结果

3. 如果 d_t 被至少两个不同类别的代表覆盖，则根据具有最大 $Num(d_j)$ 的代表的类别，也就是说，覆盖了训练集中最多数据元组的邻域，作为 d_t 的分类结果

4. 如果 d_t 在模型 M 中没有被任何一个代表覆盖，则根据边界离 d_t 最近的代表的类别作为 d_t 的分类结果

End

---

d_t 到一个代表 d_i 的最近边界的欧氏距离等价于 d_t 到 d_i 的欧氏距离减去 $Sim(d_i)$。

为提高 kNNModel 的分类精度，在上述算法的基础上进行了少许的改进。改进一是消除模型 M 中只覆盖少量数据元组的代表和在训练集中被这些代表覆盖的相关数据元组，然后从修改后的训练集中构建模型。改进二是修改模型构造算法中的步骤(3)，允许每个局部邻域覆盖最多 r(称为错误容忍度)个不同类别的数据元组。

2.1.3.3 模型构造和分类过程的示例

为了掌握算法的思想，最好的办法是通过示例，下面就用这种方法来直观地说明模型构造和分类过程。

示例数据包含 36 个数据元组的训练数据集，分为两类，分别用正方形和圆来表示。数据元组在二维空间的分布情况如图 2-1 所示。

在图 2-2 中，细线圆内包含了 9($Num(d_i)=9$)个数据元组，它们具有与 d_i 相同的类标签——圆(在这一事例中，使用了第一种改进方法，也就是将 r 的值设为 0)。在第一个计算周期中，它覆盖了具有相同类标签的最大数量的邻居。$Sim(d_i)$ 代表 N_i 中 d_i 到离它最远的数据元组的欧氏距离。

在第一个周期中,获得了第一个代表$<Cls(d_i),Sim(d_i),Num(d_i),Rep(d_i)>$,并将它加入到模型 M 中,然后再进行下一个周期。如图 2-3 所示,在第二个周期末尾,将另一个代表$<Cls(d_j),Sim(d_j),Num(d_j),Rep(d_j)>$加入到模型 M 中。重复这个过程,直到训练集中所有的数据元组都已经被设置为"已分组"(用一个空的圆形或方形表示)。最后,如图 2-4 所示,从训练集得到的 10 个代表并存储在模型 M 中。从图中可以看出,十个代表中有七个覆盖了超过两个数据元组,用细线圆表示;剩下的三个代表每个只覆盖了一个数据元组,用粗线圆表示。

在这种情况下,改进工作可以通过从模型 M 中删除只覆盖少数数据元组(例如:$Num(d_i)<2$)的代表来实现。所有被这些代表覆盖的数据元组将从训练数据集中删除。之后,再从修改后的训练数据集重新构建模型。修剪和模型构建之后,获得了最终模型 M,在图 2-5 中进行了图形演示。

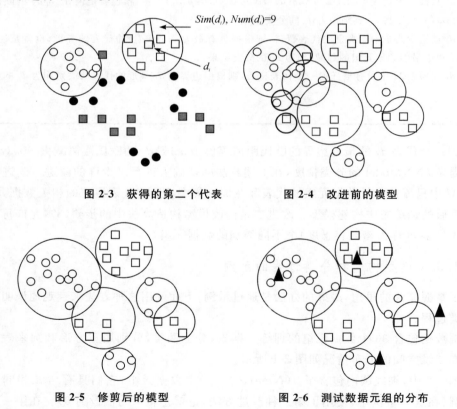

图 2-3　获得的第二个代表　　　　图 2-4　改进前的模型

图 2-5　修剪后的模型　　　　图 2-6　测试数据元组的分布

在图 2-6 中,有四个三角形,它们代表测试数据元组。根据前面描述的分类算法,这四个测试数据元组的类标签从左到右分别分为圆形、方形、圆形、方形。

如果使用第二种改进方法并将 r 值设为 1，模型构建过程显示如下：

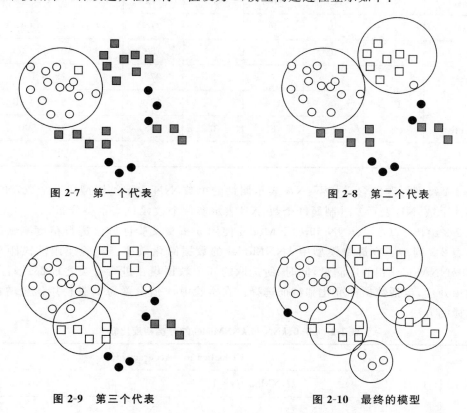

图 2-7　第一个代表　　　　　　　　　　　图 2-8　第二个代表

图 2-9　第三个代表　　　　　　　　　　　图 2-10　最终的模型

2.1.4 实验和评价

实验采用 5 折交叉验证方法来检测 kNNModel 的分类精度，并将实验结果与 C5.0 和 kNN 算法进行比较。C5.0 在 Clementine 软件包中实现。

实验从 UCI 机器学习数据库中选取了 6 个公共数据集。表 2-1 列举了关于这些数据集的一些信息。

表 2-1　关于实验数据集的一些信息

Dataset	NA	NN	NO	NB	NE	CD
Glass	9	0	9	0	214	70∶17∶76∶0∶13∶9∶29
Iris	4	0	4	0	150	50∶50∶50
Heart	13	3	7	3	270	120∶150
Wine	13	0	13	0	178	59∶71∶48
Diabetes	8	0	8	0	768	268∶500
Aust	14	4	6	4	690	383∶307

表 2-1 每列标题的含义如下：NA 表示属性的个数，NN 表示类属型属性个数，NO 表示数值属性个数，NB 表示二进制属性个数，NE 表示实例个数，CD 表示类分布。

表 2-2 给出了 C5.0、kNN 和 kNNModel 使用 5 折交叉验证方法进行精度测试的比较结果。表 2-3 列举了在最终模型中 kNNModel 的数据简化效率。实验使用欧氏距离作为 kNN 和 kNNModel 相似度测量，同时，所选取的 6 个数据集在进行分类之前都进行了必要的数据预处理，包括数据标准化和特征选择。在实验中，r 值设置为 1，并使用信息增益作为特征选择的方法。

表 2-2　C5.0、kNN 和 kNNModel 的分类精度比较

Dataset	C5.0	Classification Accuracy(%)							
		kNNModel($r=1$)					kNN		
		$N>1$	$N>2$	$N>3$	$N>4$	$N>5$	$k=1$	$k=3$	$k=5$
Glass	66.3	70.95	70.95	70.00	68.57	67.62	67.14	70.48	68.10
Iris	92.0	96.00	96.00	96.00	96.00	96.00	95.33	94.67	95.33
Heart	75.6	80.37	80.37	80.74	80.37	81.11	75.93	80.74	82.96
Wine	92.1	96.00	96.00	96.00	96.00	96.00	96.57	95.43	94.86
Diabetes	76.6	73.59	73.59	73.86	74.25	75.42	68.24	73.59	74.38
Aust	85.5	85.65	85.65	85.07	84.93	84.93	82.17	86.23	86.38
Average	81.35	83.76	83.76	83.61	83.35	83.51	80.90	83.52	83.67

表 2-3 在最终模型中代表的数目和平均简化效率

Dataset	The number of representatives in the model					
	kNNModel(r=1)					kNN
	N>1	N>2	N>3	N>4	N>5	
Glass	31	31	24	18	13	214
Iris	5	5	4	4	4	150
Heart	26	26	22	21	19	270
Wine	8	8	8	7	7	178
Diabetes	106	106	94	78	59	768
Aust	54	54	49	44	41	690
The average reduction rate(%)of kNNModel						
	89.87	89.87	91.15	92.42	93.70	0

注意:在表 2-2 和表 2-3 中,$N>i$ 意味着在 kNNModel 最终模型的每个代表至少覆盖了 $i+1$ 个训练集中的数据元组。它不是一个基本参数,它可以从 kNNModel 算法的修剪过程中被删除。不同 N 值的实验结果列举在这里展示了 kNNModel 算法分类精度和简化效率之间的关系。

同样,通过设置不同的 r 值和 N 值来获得 kNNModel 最佳的分类精度,并观察 r 值和 N 值的变化对于 kNNModel 分类精度的影响。在实验中,r 和 N 的值从 1 到 10 递进变化。表 2-4 列举了实验获得的 kNNModel 对于每个数据集的最佳分类精度。它表明对于每个数据集的最佳分类精度可以通过细微调整 r 和 N 的值来得到。除了当 k 取 1 时在 Wine 上的分类精度,kNNModel 的最佳精度都优于 C5.0 和 kNN。

表 2-4 r 和 N 对于 kNNModel 的影响

Dataset	C5.0	Classification Accuracy(%)					
		kNNModel			kNN		
		Best Accuracy	r	N	k=1	k=3	k=5
Glass	66.3	70.95	1	1	67.14	70.48	68.10
Iris	92.0	96.00	1	1	95.33	94.67	95.33
Heart	75.6	83.70	3	3	75.93	80.74	82.96
Wine	92.1	96.00	1	1	96.57	95.43	94.86
Diabetes	76.6	77.12	5	3	68.24	73.59	74.38
Aust	85.5	87.10	2	1	82.17	86.23	86.38
Average	81.35	85.15			80.90	83.52	83.67

图 2-11 和图 2-12 分别展示了在数据集 Aust 和 Glass 上,当 N 取 1 时,不同的 r 值 (0~15)对于 kNNModel 分类精度的影响。

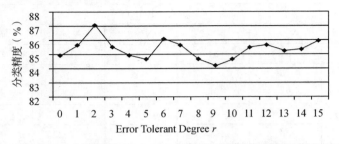

图 2-11　在数据集 Aust 上,不同 r 值对于分类精度的影响

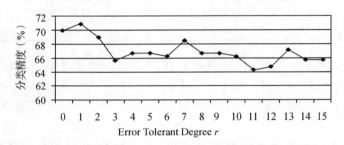

图 2-12　在数据集 Glass 上,不同 r 值对于分类精度的影响

表 2-5 列举了在 6 个数据集上 kNNModel 的实验结果(不考虑 N 值)。

表 2-5　C5.0、kNN 和修剪后的 kNNModel 算法的比较

Dataset	C5.0	kNNModel($r=0$)		kNN	
		CA(%)	RR(%)	CA(%)	RR(%)
Glass	66.30	68.57	82.71	68.57	0
Iris	92.00	95.33	95.33	95.11	0
Heart	75.60	80.74	89.26	79.88	0
Wine	92.10	95.43	94.94	95.62	0
Diabetes	76.60	74.77	86.32	72.07	0
Aust	85.50	86.09	93.91	84.93	0
Average	81.35	83.49	90.41	82.70	0

在表 2-5 中,CA 表示分类准确率,RR 表示简化效率。对于 kNN 来说,CA 表示当 $k=$

1、3、5 时的平均分类准确率。

从实验结果可以看出,kNNModel 方法在 6 个数据集上采用 5 折交叉验证的分类精度优于 C5.0,与 kNN 旗鼓相当。但是 kNNModel 只用少部分代表替代了整个原始数据集作为分类的基础,提高了 kNN 算法在分类时的有效性。实验结果表明,kNNModel 算法在 6 个数据集上的平均简化效率为 90.41%。

2.1.5 小结

本节介绍了一个克服 kNN 缺点的解决方案。为了解决 kNN 算法的低效率和对 k 值的依赖等问题,新方法 kNNModel 从训练集中选择了一些带有额外信息的代表来表示整个训练集。在每个代表的选择中,使用最优但不同的 k 值,由每个数据集自身局部分布情况自动决定取值,并以没有人为干预的方式来消除对 k 值的依赖性。在 6 个公共数据集上的实验结果表明,kNNModel 是一个具有相当竞争力的分类算法。kNNModel 在 6 个数据集上的平均分类精度较 C5.0 和 kNN 算法好。同时 kNNModel 也大大减少了分类时在最终模型中的数据元组的数量,平均简化效率达到了 90.41%。所以 kNNModel 是 kNN 在许多应用领域的一个可能的替代方法,如海量数据仓库的动态网页挖掘。

2.2 基于权重 k 近邻模型的数据简化与分类

【摘要】本节介绍基于权重 k 近邻模型的数据简化和分类算法(wkNNModel),该算法旨在找出一些更有意义的代表来取代原始数据集作为进一步分类的基础。每个代表由一个实例和它的一个满足预定义阈值的加权邻域构成。和上一节的 kNNModel 方法相比,该算法作为 kNN 的另一种改进算法,能进一步降低噪声数据和边界干扰数据对简化和分类效果的影响,从而提高数据的简化率。

2.2.1 引言

分类算法是在每个类已被一定样本数据定义的基础上,建立一个分类规则来分类新数据的一种方法。在所有著名的分类算法中,kNN(k 最近邻分类算法)是一种在很多情况下简单而又高效的算法[1,3],并被广泛研究和采用。kNN 的基本思想是:对给定的待分类样本 t,选择它的 k 个最近邻样本,取大多数样本的类别赋给 t。因此,有两个重要的因素影响 kNN 的应用:(1)参数 k:在某种程度上它的取值决定了算法的分类精度;(2)分类效率:kNN

算法是一种没有预先进行模型训练的懒惰型分类算法,它将所有的计算时间花费在新数据的分类上。

当处理大容量的数据时,kNN 通常会导致相当高的计算成本,这个缺陷也限制了它在许多领域的应用。许多学者都努力通过数据简化[9]来缓解 kNN 算法耗费时间的问题。对 kNN 算法而言,一个新实例的分类由它的权重最高的 k 个最近邻的类别决定,这也意味着 k 个最近邻中个别实例也可能属于其他类。本节介绍如何在加权 kNNModel 的基础上通过数据简化和分类来处理大容量数据集[72]。

2.2.1.1 相关工作

通常使用两种数据简化方法:选择和替代方法。

(1)选择方法:目的在于通过从训练集中选择代表来简化数据集。

基于选择的数据简化方法包括:在 20 世纪 60 年代末由 Hart[5] 提出的 CNN(压缩最近邻规则)、在 20 世纪 70 年代由 Gate[6] 提出的 RNN(简化最近邻规则)、由 Ritter[12] 提出的 SNN(选择性最近邻规则)、由 Aha[13,14] 在 20 世纪 90 年代的早期阶段提出的一系列基于样本的学习方法(IB1~IB5)和由 Wilson[9] 提出的一系列基于样本的学习方法(DROP1~DROP5,DEL)。

上述算法的主要缺点在于没有在选择过程中归纳学习,也就是说,简化后的数据没有额外通过学习而获得的对分类有用的信息。因此,尽管它可以有效地减少训练数据集的数量,但不能"改善",而只能"保持"原有的分类精度。

(2)替代方法[17,18,19]:用新的训练集替代原始训练集,新的训练数据集中的数据可能不同于原始训练数据集中的任何数据。两个常用的方法是 Chang and Bezdek[16] 提出的层次聚类方法和 Mollineda[17,18] 在层次聚类方法上进一步改进的方法。上述两种算法的主要缺点在于替换方法计算复杂度高。大量的计算时间消耗在为数众多的合并和合并后检查与原始数据的一致性上[9]。

Guo[15] 结合选择和替代的优点提出了 kNNModel,通过使用 kNNModel 方法从训练数据集(选择方法)中选择一个代表,再加上自己的类别和邻居样本信息形成一个代表元组(或称全局元组)。它是对原始数据空间中某一局部区域简化得到的一个结果,这个局部区域中的所有数据共享代表数据的类别。由这些代表元组组成的一个新的训练集(模型)将取代原来的训练集(替代方法)作为进一步分类的基础。

为了提高 kNNModel 分类算法的精度,Guo[15] 等人提出设置一个适当的错误容忍度 ε 的方法。在模式构造阶段,每个局部区域允许覆盖 ε 个不同类别的邻居样本。在每个模式构造阶段,ε 的值是固定的。设置错误容忍度 ε 的目的是为了在包含一定程度噪声数据的数据集中有效地分类数据。随后的实验结果也验证了该方法的有效性。

下面的 2.2.2 节简要介绍 wkNNModel 的基本思想及其算法;2.2.3 节描述和评估实验环境和结果。最后,在第 2.2.4 节给出一些结论。

2.2.2 wkNNModel 方法

2.2.2.1 基本思想

"物以类聚"是分类数据的基本准则。同类数据具有强大的聚合性,然而,实际应用表明这并不意味着没有异类数据在某一个特定类支配的空间存在,包括可能由于使用不同的相似度测量产生的噪声或边界干扰数据或者在数据采集过程中产生的测量错误数据等。本节介绍利用加权的方法来处理在局部空间中相互内聚性高的数据,同时在此空间中只允许存在少数异类数据。这些数据和它们的邻居将作为类别代表(在文献[15]中称为代表元组)。该方法旨在减小分类过程中异类数据的影响,并形成一个分类模型(原始训练集的简化数据集)。在此基础上,一个实例的分类仍然沿用 kNN 方法。这是所提出的 wkNNModel 方法的基本思想。

当欧氏距离作为相似性度量时,相同类别的数据通常聚集在相邻的区域中,并且相应区域的中心点数据对同类数据点的内聚性更强,而异类数据对区域中央部分只有较弱的加权影响。数据简化的基本思想就是找出这些代表数据点 d 和它的邻域 $\overline{O}(d,r)$。邻域定义了内部任意两个数据之间的影响,也包含了若干最近邻。在公式 $\overline{O}(d,r)$ 中,d 是邻域中心,r 是邻域的半径,$\overline{O}(d,r)$ 中的数据与中心点类别相同数据之间的内聚性应该远远高于与来自异类数据之间的内聚性,这种不同类数据的影响范围也不同,可通过阈值的设置来控制。

因此,为了达到数据简化的效果,期望 $\overline{O}(d,r)$ 能包含尽可能多的与中心点 d 相同类别的数据,使得 d 成为被 $\overline{O}(d,r)$ 覆盖的类的代表数据。在本节中使用到的其他符号意义为:$Num(d)$——被 $\overline{O}(d,r)$ 覆盖的与代表点 d 同类的样本点数量;$Sim(d)$ 或 r——$\overline{O}(d,r)$ 中最边缘数据与中心点 d 的距离。作为一个模型,由这些代表组成的集合将取代原来的训练数据集,从而完成减少原始训练数据集的任务。给定待分类数据 t,若它只被一个代表点的邻域 $\overline{O}(d,r)$ 所覆盖,则数据 t 直接判定为该区域代表点 d 的类;如果它被几个代表点的邻域 $\overline{O}(d,r)$ 覆盖,则这些代表会根据它们类别的数量进行统计,数量最多的类别将作为数据 t 的类别;如果数据 t 没有被任何代表点的邻域 $\overline{O}(d,r)$ 覆盖,则边界离它最近的邻域 $\overline{O}(d,r)$ 的代表点类别作为数据 t 的类别。

图 2-13 和图 2-14 简要说明了 wkNNModel 和 kNNModel 选择类代表时的不同之处。给定一个包含两个类别的训练数据集,类别分别用正方形和三角形表示,图 2-13 给出

其在二维空间中的分布情况:

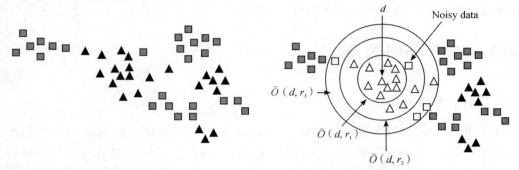

图 2-13　数据在二维空间的分布　　　　图 2-14　wkNNModel $\overline{O}(d,r_2)$ 邻域和

$kNNModel$ 邻域$\overline{O}(d,r_1)$的区别

在图 2-14 中，$\overline{O}(d,r_1)$表示在 $kNNModel$ 中，当 $\varepsilon=0$ 时，被第一个代表元组 d 覆盖的邻域。$\overline{O}(d,r_2)$表示在 $wkNNModel$ 中，被第一个代表元组 d 覆盖的邻域。从图中可以很清楚地看出，在加权阈值的控制范围内，在$\overline{O}(d,r_2)$的邻域内存在一个噪声数据。但是 d 的邻域$\overline{O}(d,r_3)$不能成为一个类的代表，因为四个异类实例的内聚(加权值)已超过阈值(阈值最大值取 3)所允许的范围。

2.2.2.2 算法描述

为了保持通用性，这里提到的"数据"并不特指某一个特定应用案例的情况。同样的，所谓的"相似性"也是一个通用的概念，任何一个常用的相似性度量，只要它适用于一个给定的应用，那么它就可以作为这个应用的相似性度量。为了简便起见，在下面的描述中，以欧氏距离为例，用 $\rho(d_1,d_2)$ 表示 d_1 和 d_2 之间的距离。

给定一个具有 n 个类的数据集 D，n 个类表示为 $c_1,c_2,\cdots,c_n$，C_i 表示为数据集 D 中所有属于类 c_i 的数据集合，则数据集 D 可以表示为

$$D = \bigcup_{i=1}^{n} C_i \tag{2-1}$$

对于 $\forall d \in D$，$\overline{O}(d,r)$表示集合 D 中任意一个子集，子集中任意一点到 d 的距离小于或等于 r。如果 $d \in C_i$，则本节介绍的 $wkNNModel$ 算法便能找到一个作为类代表邻域的$\overline{O}(d,r)$。在$\overline{O}(d,r)$中，当 r 向外延伸时，$\overline{O}(d,r)$中的数据与同类数据之间的内聚性应该远远高于与来自异类数据之间的内聚性(这是由阈值控制的)。对于每个 C_i，这样的类代表也可能不止一个。

每两个数据之间的内聚性和它们之间的距离成反比，也就是说彼此越靠近，它们之间的

内聚性就越强；反之亦然。对于 $\overline{O}(d,r)$ 中任何实例 d_j 对 d 的影响定义如下：

$$effect = 1 - \frac{\varrho(d,d_j)}{r}, \text{其中} \ 0 \leqslant 1 - \frac{\varrho(d,d_j)}{r} \leqslant 1 \tag{2-2}$$

$\overline{O}(d,r)$ 中所有实例到中心点 d 的影响定义为 $w(d,r)$：

$$w(d,r) = \sum_{d_j \in \overline{O}(d,r) \wedge d_j \in D} (1 - \frac{\varrho(d,d_j)}{r}) \tag{2-3}$$

这里，所有 C_i 在 $\overline{O}(d,r)$ 中的数据到 d 的加权内聚定义为 $w_C(d,r)$：

$$w_C(d,r) = \frac{\sum\limits_{d_j \in \overline{O}(d,r) \wedge d_j \in C_i} (1 - \frac{\varrho(d,d_j)}{r})}{w(d,r)} \tag{2-4}$$

异类数据到 d 的加权内聚定义为 $w_F(d,r)$：

$$w_F(d,r) = \frac{\sum\limits_{d_j \in \overline{O}(d,r) \wedge d_j \notin C_i \wedge d_j \in D} (1 - \frac{\varrho(d,d_j)}{r})}{w(d,r)} \tag{2-5}$$

显然，$w_C(d,r)$ 和 $w_F(d,r)$ 的总和满足下式：

$$w_C(d,r) + w_F(d,r) = 1 \tag{2-6}$$

对一个类代表来说，r 和 $w_C(d,r)$ 的值越大越好，而 $w_F(d,r)$ 的值越小越好。

一个基于上述思想和权重定义的算法，称为 wkNNModel_o，它代表了 wkNNModel 的原始算法。遗憾的是，wkNNModel_o 在实验中没有达到预期的精度和简化效率。通过仔细地分析 wkNNModel_o 算法所产生的每个代表，不难发现一些代表有相当低的密度。这种代表的一个典型示例如图 2-15 所示。一个候选的类代表是沿着半径 r_1、r_2、r_3 向外扩展直到 R 产生的。由于 d_1 和 d_2 距离 d 较远，因此它们对 d 的影响非常小。将它们添加到 $\overline{O}(d,r_4)$ 中并不会超过预定义的阈值，因此 $\overline{O}(d,r_4)$ 可以被选作为一个代表。然而，$\overline{O}(d,r_4)$ 在 $\overline{O}(d,r_1)$ 和 $\overline{O}(d,r_4)$ 之间覆盖了太大的稀疏空间，导致这个代表区域密度相对较低，从而影响了被它覆盖区域的代表性。解决这个问题的思路是在算法中采用一个新的参数 p 来控制每个代表的密度，称此算法为 wkNNModel_d，它是算法 wkNNModel_o 的一种改进版本。密度控制值用于避免选择一个覆盖较大的稀疏空间候选类代表，以保证所选择的每个类代表的质量。实验结果表明，密度控制值的确能较大提高 wkNNModel 的简化效率和分类精度。

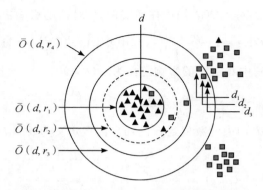

图 2-15 $\bar{O}(d,r_4)$:一个没有计算密度的代表的示例

wkNNModel_d 模型构造算法描述如下。

算法 2-3 wkNNModel_d 模型构造算法

输　入:阈值 α、密度控制值 p 以及具有 n 个类别和 q 个属性的数据集 D

输　出:模型 m_a

Begin

1. 构建 D 的标准化数据集 D_N:$\{d_1,d_2,\cdots,d_{|D|}\}$,其中 $d_i \in D_N$。d_i 定义为一个 q 维的空间向量,即 $d_i = <d_{i1},d_{i2},\cdots,d_{iq}>$。显然,使用欧氏距离时,$D_N \subseteq \bar{O}(o,2\sqrt{q})$,这里 o 是区域 $\bar{O}(o,2\sqrt{q})$ 的中心。首先,选择一相似性度量并从 D_N 中建立一个相似性矩阵。接着,计算类 c_i 在 $\bar{O}(o,2\sqrt{q})$ 半径范围内的密度 $p_i = \dfrac{m_i}{2\sqrt{q}}$,其中 m_i 为类 c_i 在 D_N 中的实例个数。最后,对 D_N 内的所有数据设置标签"0"

2. 对每个标签为"0"的实例 d(假设 $d \in c_i$),算法从与它距离最近的标签为"0"或"1"的实例开始,向外扩展沿半径,直到区域内不满足条件 $\dfrac{Num(d)}{r} \geqslant \dfrac{p_i}{p}$ 为止。将满足条件 $w_F(d,r) \leqslant \alpha$ 的范围最大的 $\bar{O}(d,r)$ 作为类的候选代表。一旦区域内存在其他候选代表,且当前点 d 构造的区域不满足条件 $\dfrac{Num(d)}{r} \geqslant \dfrac{p_i}{p}$,则点 d 的标签设置为"-1"

3. 从第 2 步生成的候选代表中,选择 $Num(d)$ 最大的 $\bar{O}(d,r)$ 作为类代表,并将它添加到 M_a 中。同时,将被此区域覆盖的数据的标签设为"1"

4. 重复步骤 2 和 3,直到 D_N 中所有数据的标签都被设置为"1"或"-1"为止

5. 输出模型 M_a

End

在上述算法中,标签为"0"的数据意味着它尚未被处理;标签为"-1"的数据意味着它不合格作为类代表;标签为"1"的数据意味着它已被某一选出的类代表的邻域所覆盖。

在步骤 3 中,如果有多个候选代表拥有相同最大值的 $Num(d)$,则选取 r 最小的代表作

为类代表。也就是选择半径最小但覆盖最多数量数据的候选代表作为类代表,其宗旨是为了提高简化效率,同时保持邻域密度尽可能高的候选代表作为类代表。

对于模型 M_a,一个类代表 $\overline{O}(d,r)$ 是以四元组 $<Cls(d),Sim(d),Num(d),Rep(d)>$ 的形式保存形成的一个模型簇。其中:$Cls(d)$ 表示该区域中心数据点的类别;$Sim(d)$ 表示该区域的半径;$Num(d)$ 表示该区域内类别为 $Cls(d)$ 的点的数量;$Rep(d)$ 则为中心 d 本身。

给定待分类数据 t,wkNNModel_d 分类过程描述如下。

算法 2-4   分类算法 wkNNmodel_d

输 入:分类模型 wkNNmodel_d,待分类数据 t

输 出:t 的类别

Begin

1. 计算 t 与模型 M_a 中所有类代表的相似度

2. 如果数据 t 只被一个类代表 $\overline{O}(d,r)$ 覆盖,则判定数据 t 与 d 的类别相同

3. 如果数据 t 被至少两个不同类的代表覆盖,则将 t 判定为覆盖数量最多的那个类代表的类别

4. 如果模型 M_a 中没有任何代表区域覆盖它,则将代表区域中心点距离 t 最近的代表类别判定为数据 t 的类别

End

2.2.3 实验评估

2.2.3.1 实验数据

实验使用 10 折交叉验证方法对 wkNNModel_d 的分类精度进行评价,并将实验结果与 wkNNModel_o、kNN、kNNModel 以及其他常用的数据简化算法进行比较。

实验在 UCI 机器学习数据库中选取了 15 个公共数据集,并在表 2-6 列举了关于这些数据集的一些信息。

表 2-6   实验所选取数据集的基本信息

Dataset	NA	NN	NO	NB	NE	CD
Aust	14	4	6	4	690	383：307
Colic	22	16	7	0	368	232：136
Diabetes	8	0	8	0	768	500：268
Glass	9	0	9	0	214	70：76：17：13：9：29

续表

Dataset	NA	NN	NO	NB	NE	CD
HCleveland	13	3	7	3	303	164∶139
Heart	13	3	7	3	270	150∶120
Hepatitis	19	7	1	12	155	32∶123
Ionosphere	34	0	34	0	351	126∶225
Iris	4	0	4	0	150	50∶50∶50
LiverBupa	6	0	6	0	345	145∶200
Sonar	60	0	60	0	208	97∶111
Vehicle	18	0	16	0	846	212∶217∶218∶199
Vote	16	0	0	16	232	124∶108
Wine	13	0	13	0	178	59∶71∶48
Zoo	16	16	0	0	90	37∶18∶3∶12∶4∶7∶9

在表 2-6 中,每列标题的含义如下:NA 表示属性的个数,NN 表示类属型属性个数,NO 表示数值属性个数,NB 表示二进制属性个数,NE 表示实例个数,CD 表示类分布。

在实验中,以欧氏距离作为 kNNModel、wkNNModel_o 和 wkNNModel_d 算法的相似性度量,并对 15 个数据集进行预处理,即规范化,再进行分类。

2.2.3.2 实验分析

在实验中,每个算法的参数设置描述如下:

(1)对于 wkNNModel_o(在表 2-7 和表 2-8 中简记为 wkNNM_o),阈值 α 的取值从 0.01 到 0.1,每次递增 0.01。在表 2-7 和表 2-8 中选择了在分类精度最高时阈值 α 的取值。

(2)对于 wkNNModel_d(简记为 wkNNM_d),阈值 α 的取值从 0.01 到 0.1,每次递增 0.01。对于每个阈值 α,p 的取值从 1 到 20,每次递增 1。选择分类精度最高时 α 和 p 的取值。

(3)对于 kNNModel(简记为 kNNM),错误容忍度 r 设为 0。

(4)对于 kNN,k 值取 5。在 15 个数据集的实验中,k 取 5 时的平均分类准确率要大于 k 取 1 和 3 时的平均分类准确率。

表 2-7 列举了 wkNNM_o、wkNNM_d、kNN、kNNM 以及其他数据简化算法[9]使用 10 折交叉验证时分类精度的结果。在表 2-8 中列举了上述算法相应的简化效率。

表 2-7　实验中各数据简化算法在分类精度上的比较

Dataset	α	wkNNM_o	α	p	wkNNM_d	kNN	kNNM	CNN	SNN	IB3	DROP3	DEL
Aust	0.05	71.88	0.09	3	83.47	85.22	84.64	77.68	81.31	85.22	83.91	84.78
Colic	0.05	78.28	0.04	13	82.08	83.06	82.50	59.90	64.47	66.75	70.13	67.73
Diabetes	0.01	65.37	0.01	19	67.84	74.21	74.08	65.76	67.97	69.78	75.01	71.61
Glass	0.03	57.05	0.03	17	61.68	67.62	65.24	68.14	64.39	62.14	65.02	69.60
HCleveland	0.10	73.53	0.07	17	78.19	81.00	80.33	73.95	76.25	81.16	80.84	79.49
Heart	0.05	73.70	0.09	5	80.37	80.37	80.74	70.00	77.04	80.00	83.33	78.89
Hepatitis	0.08	81.25	0.03	2	84.58	83.33	85.33	75.50	81.92	73.08	81.87	80.00
Ionosphere	0.06	80.65	0.07	5	87.17	84.00	93.71	82.93	81.74	85.75	87.75	86.32
Iris	0.02	94.66	0.08	2	96.67	96.67	96.00	90.00	83.34	94.67	95.33	93.33
LiverBupa	0.03	64.87	0.04	13	65.52	66.47	64.41	56.80	57.70	58.24	78.00	61.38
Sonar	0.04	75.50	0.01	10	81.33	85.00	82.50	74.12	79.81	69.38	78.00	83.59
Vehicle	0.01	59.42	0.01	15	62.87	69.29	65.36	67.50	67.27	67.62	65.85	68.10
Vote	0.09	88.76	0.08	8	92.21	92.17	88.70	93.59	95.40	95.64	95.87	94.27
Wine	0.07	89.80	0.04	7	93.82	94.71	94.71	92.65	96.05	91.50	94.93	94.38
Zoo	0.07	96.66	0.09	13	98.89	95.56	92.22	91.11	76.67	92.22	90.00	90.00
Average	/	76.76	/	/	81.11	82.58	82.03	75.98	76.76	78.21	81.72	80.23

表 2-8　实验中各数据简化算法在简化效率上的比较

Dataset	α	wkNNM_o	α	p	wkNNM_d	kNN	kNNM	CNN	SNN	IB3	DROP3	DEL
Aust	0.05	95.65	0.09	3	99.13	0	90.43	75.78	75.85	95.22	94.04	97.40
Colic	0.05	92.93	0.04	13	92.39	0	84.24	64.34	51.35	91.51	89.70	78.18
Diabetes	0.01	83.98	0.01	19	83.59	0	86.98	63.11	57.05	89.03	83.10	87.36
Glass	0.03	76.17	0.03	17	76.17	0	88.32	61.47	57.37	66.20	76.12	61.58
HCleveland	0.10	98.68	0.07	17	98.02	0	87.79	69.16	66.12	88.89	87.24	86.36

续表

Dataset	α	wkNNM_o	α	p	wkNNM_d	kNN	kNNM	CNN	SNN	IB3	DROP3	DEL
Heart	0.05	95.56	0.09	5	97.41	0	88.52	73.83	66.22	86.42	86.38	95.30
Hepatitis	0.08	98.06	0.03	2	99.35	0	88.39	74.70	69.04	94.91	92.20	92.41
Ionosphere	0.06	80.65	0.07	5	98.86	0	85.15	78.38	80.79	85.41	92.94	87.12
Iris	0.02	97.33	0.08	2	98.00	0	96.00	87.26	85.93	80.22	85.19	90.44
LiverBupa	0.03	79.71	0.04	13	83.77	0	83.48	59.13	47.41	89.34	75.01	87.36
Sonar	0.04	94.23	0.01	10	91.83	0	86.06	67.15	71.74	87.98	73.13	70.14
Vehicle	0.01	78.72	0.01	15	79.43	0	87.83	62.96	56.79	71.64	77.00	67.49
Vote	0.09	99.14	0.08	8	99.14	0	93.53	90.88	89.79	94.56	94.89	98.00
Wine	0.07	97.75	0.04	7	98.31	0	90.45	85.70	85.77	83.40	83.89	91.00
Zoo	0.07	91.11	0.09	13	91.11	0	92.22	87.53	89.38	70.62	80.00	81.73
Average	/	90.65	/	/	92.43	0	88.63	73.43	70.04	85.02	84.72	84.79

在本节的实验中选用了一些基于选择技术的数据简化方法。更多关于数据简化方法的信息可以在文献[9]找到。由于 wkNNM_d 主要依赖于选择技术,所以在实验中,将 wkNNM_d 与一些著名的选择技术为基础的数据简化方法进行比较,即 CNN、SNN、IB3、Drop3 和 Del。从实验结果可以看出,wkNNM_o 在 9 种算法的比较中获得最高的数据简化效率,并且没有降低分类精度。wkNNM_d 也在 15 个数据集中的 7 个数据集获得了最高的简化效率。

从实验结果中还可以发现,wkNNM_o 在图 2-15 中出现的问题已经通过在 wkNNM_d 中引入密度控制值解决。这证明了前面的假设。此外,在实验中进行研究了密度控制值 p 对 wkNNM_d 的分类精度和简化效率的影响,实验结果如图 2-16 和图 2-17 所示。

实验中,通过分类精度和密度控制值之间的关系可以发现,简化效率和密度控制值是相似的。它们在 15 个数据集上有类似的变化。图 2-16 演示了分类精度和密度控制值 p 之间在 5 个数据集上的关系。图 2-17 演示了简化效率和密度控制值 p 之间在其他 5 个数据集上的关系。

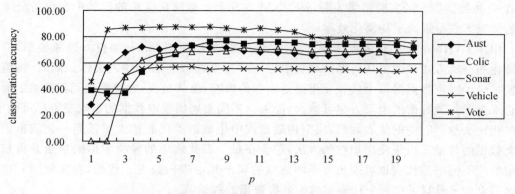

图 2-16　分类精度和密度控制值之间的关系

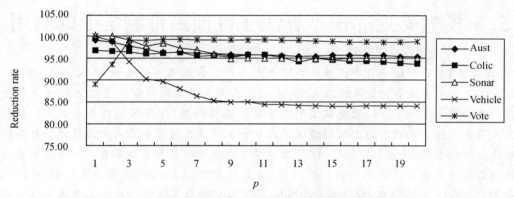

图 2-17　简化效率和密度控制值之间的关系

在图 2-16 中显示了 p 从 1 到 20 逐 1 递增时分类精度的变化。该图展示了分类精度在 5 个不同的数据集上相似的变化。当 $p=1$（最低控制值），分类精度非常低。随着 p 的递增，分类精度在最初几个步骤中提高得很快。但在达到一定的 p 值后，分类精度稳定在一个小范围内波动。然而随着 p 的增加，分类效率逐渐降低。因此，可以通过在一个小范围内调节 p 值来得到最大的分类精度。

2.2.4 小结

本节介绍一个相似性加权计算技术，旨在克服各种噪声数据对代表元组的影响。在 $wk\text{NNM\_d}$ 中密度控制值的引入显著提高了类代表的质量，同时也提高了 $wk\text{NNM\_o}$ 的分类精度。此外，$wk\text{NNM\_d}$ 的简化效率显著提高，从而提高了 $wk\text{NNM\_d}$ 的分类精度。在

15 个公共数据集上的实验结果表明,wkNNM 在 9 个数据简化算法的比较中在保持分类精度的情况下获得最高平均简化效率。

相比 kNNModel 的代表点选择方法,本节介绍的 wkNNModel(加权 k 近邻模型)的数据简化和分类方法考虑了从局部区域到中心点的数据相似性加权的内聚性。同时,阈值的设置减轻了噪声数据对每个代表元组覆盖面积的影响,也就是说,它使代表元组覆盖的面积和它来自同一类数据的凝聚力尽可能大,而来自不同类别的噪声数据的影响变得尽可能小。

相比文献[15]中的代表元组,模型构造过程中生成的类代表扩大了被同一领域覆盖的同类数据的数量。由于使用加权的方法,包含在每个类代表中的异类数据的数量是由权值决定的。不同的类代表也可能包含不同数量的属于其他类的数据。然而,在文献[15]中的错误容忍度 ε 限制了在每个代表元组中异类数据的数量。

2.3 模糊 k 近邻模型算法在可预测毒物学上的应用

【摘要】本节介绍一种鲁棒性强的用于化工产品毒性预测的模糊 kNNModel 方法。该方法是基于有监督的聚类方法 kNNModel,此法采用模糊划分代替硬划分建立各个簇。其主要优点如下:(1)它克服了两个参数的选择问题,即各簇容错率参数 ε 和簇所覆盖的最少样本参数 N;(2)它通过赋予在 0 和 1 范围内的隶属度来刻画簇边界数据的特性。模糊 kNNModel 在 13 个 UCI 机器学习公共数据集和 7 个来自实际应用的毒性数据集上的实验结果表明,与模糊 c-means 聚类算法、k-means 聚类、kNN、模糊 kNN 和 kNNModel 算法相比,模糊 kNNModel 具有较好的分类性能。在化工产品毒性预测的实际应用中,模糊 kNNModel 是一个很有发展前途的方法。

2.3.1 引言

随着大量的日益复杂的用于预测毒理学的数据的不断涌现,寻求新的、更加灵活的方法来挖掘数据显得十分必要。传统的手工数据分析效率低下,基于计算机的分析变得必不可少。统计学方法[20]、专家系统[21]、模糊神经网络[22]和机器学习[23]等算法被广泛应用于预测毒理学的数据挖掘。

k-means 算法是一个简单而著名的聚类方法[24],它是一种硬性分类方法。在这里每个样本要么属于一个类,要么不属于一个类。一种对 k-means 算法的改进是利用指定的隶属函数计算每个样本属于某个簇程度的模糊 c-means 聚类技术。该技术最初在 1973 年由 Dumn[25] 推出,Bezdek[26] 于 1981 年对其进行改进,是早期聚类方法的主要改进算法之一。

它提供了一种划分数据的方法,此方法利用了多维空间样本可分割成不同簇的特性。然而,此技术也存在一些问题:它们需要预先指定簇的数目。在没有关于数据集先验知识的情况下,要确定这样一个值是相当困难的,而且初始中心点的选择也很难确定。此外,在不考虑每个样本分类信息的情况下,这两种方法继承了聚类方法的缺点,直接导致了分类精度的下降。

kNNModel 是有监督的聚类方法。它的基本思想是给定一个相似性度量,以每个训练样本为圆心,向外扩展成一个区域,使这个区域覆盖最多的同类点,而不覆盖任何异类点。然后选择覆盖最多点的区域,以附加信息的形式保存下来形成一个模型簇。kNNModel 在训练样本上构建多个模型簇来代替整个训练样本集,并保存这些模型簇用于分类新数据,用以改善 kNN 的效率及降低 kNN 的存储容量。附加信息是从不同原始训练样本集通过归纳学习获得的,而模型簇则是整个训练样本集的代表。此外,有了存储在每个代表点的附加信息,分类一个新样本只简单地取决于哪个代表覆盖了它。然而,该方法却因硬性的分类特性使得它在划分数据边界时效果不佳。

本节将模糊划分应用于 kNNModel 算法并以此来克服上述缺点[73]。在此方法中,样本之间不再只是簇内或簇外关系,它们还可以是在 0~1 间不同程度地隶属某个簇的关系。这就是模糊 kNNModel 算法,它解决了硬性划分带来的问题,同时也改善了 kNNModel 算法和模糊 c-means 算法的性能。本节选择两种聚类算法——模糊 c-mean 及 k-means 和四种分类算法——kNN、模糊 kNN、kNNModel 及模糊 kNNModel 完成和评估实验结果,20个实验数据集中,13 个来自 UCI 机器学习公共数据集,7 个来自现实应用的化工产品毒性反应数据集。

接下来的 2.3.2 节简要介绍五种聚类和分类算法:k-means 聚类、模糊 c-means 聚类、kNN、模糊 kNN 和 kNNModel。2.3.3 节阐述模糊 kNNModel 的基本概念。实验结果及分析在 2.3.4 节讨论。最后分析模糊 kNNModel 存在的问题及进一步的改进方向。

2.3.2 聚类/分类算法

2.3.2.1 k-means 算法

k-means 聚类算法[24]将 n 维向量的集合 $X = \{x_1, x_2, \cdots, x_n\}$ 划分成 m 个簇 $C = \{C_i \mid i = 1, 2, \cdots, m\}$,该算法的目的是找到每个簇的中心。算法通过最小化公式(2-7)给出的目标函数实现。

$$J^c(c_1, c_2, \cdots, c_m) = \sum_{i=1}^{m} J_i^c = \sum_{i=1}^{m} \sum_{k, x_k \in c_i} d(x_k, c_i) \tag{2-7}$$

这里 c_i 是簇 C_i 的中心；$d(x_k, c_i)$ 是中心 c_i 与样本 x_k 的距离；已划分的簇可以用一个 $m \times n$ 二元隶属矩阵定义，其元素 u_{ij} 当样本 x_j 属于 C_i 簇时值为 1，否则为 0。

公式(2-8)的中心 c_i 是簇 C_i 中所有样本的均值：

$$c_i = \frac{1}{|C_i|} \sum_{k, x_k \in C_i} x_k \tag{2-8}$$

这里 $|C_i|$ 代表簇 C_i 的样本数。

k-means 算法的性能依赖于 m 个初始中心的选择[27]。

2.3.2.2 模糊 c-means

模糊 c-means 算法加入模糊划分的概念[25,26,28]，即样本用隶属度衡量它属于某个簇的程度，范围在 0 到 1 之间。模糊 c-means 旨在最小化公式(2-9)给出的目标函数：

$$J^f(U, c_1, c_2, \cdots, c_m) = \sum_{i=1}^{m} J_i^f = \sum_{i=1}^{m} \sum_{j=1}^{n} u_{ij}^p d(x_j, c_i) \tag{2-9}$$

针对模糊划分，隶属矩阵 U 可用公式(2-10)随机初始化：

$$\sum_{i=1}^{m} u_{ij} = 1, j = 1, 2, \cdots, n \tag{2-10}$$

其中，u_{ij} 在 0 到 1 之间，$p \in [1, \infty)$ 是加权指数。

为了最小化给定的目标函数，公式(2-11)和公式(2-12)给出两个约束条件：

$$c_i = \frac{\sum_{j=1}^{n} u_{ij}^p x_j}{\sum_{j=1}^{n} u_{ij}^p}, i = 1, 2, \cdots, m \tag{2-11}$$

$$u_{ij} = \frac{1}{\sum_{k=1}^{m} \left(\frac{d_{ij}}{d_{kj}}\right)^{2/(p-1)}}, i = 1, 2, \cdots, m; j = 1, 2, \cdots, n \tag{2-12}$$

通过不断更新簇中心和每个样本与簇的隶属度，模糊 c-means 逐渐移动簇中心到数据集中"正确"的位置。然而，如果随机初始化聚类中心和矩阵 U，模糊 c-means 不能保证它能收敛到最佳解决方案[29]。

2.3.2.3 kNN

给出一个新样本 x，kNN 分类器[30]找到它的 k 个近邻，并用多数表决策略决定它的类别，即用 x 的 k 个近邻中出现频率最高的类别标签标记类别。

2.3.2.4 模糊 kNN

模糊 kNN 分类器[31]是在 1985 年由 Keller 等提出的。类成员由测试样本到 kNN 训练样本间的距离函数指定：

$$u_i(x) = \frac{\sum_{j=1}^{k} u_{ij}(\frac{1}{\| x - x_j \|^{2/(\omega-1)}})}{\sum_{j=1}^{k}(\frac{1}{\| x - x_j \|^{2/(\omega-1)}})} \tag{2-13}$$

在公式(2-13)中，ω 是缩放参数，范围在 1 到 2 之间。训练样本的隶属度 u_{ij} 可以用多种方法定义。硬性的方法是完全隶属于它自己的类且完全不隶属于另一个类。测试样本的类别与所计算的最大隶属度相对应。模糊 kNN 分类器的优点是：(1)算法能够考虑到近邻的模糊性；(2)一个样本以它们之间的隶属值来分类而不是用"属于"或"不属于"这种二元判定[32]。

2.3.2.5 kNNModel

kNNModel[15]是有监督的聚类算法。为了描述 kNNModel 的基本概念，先介绍一些重要术语和概念。

(1)邻域——邻域是给定样本所在的数据空间。

(2)局部邻域——局部邻域是覆盖了最大数量拥有相同类标签的样本区域。

(3)全局邻域——全局邻域是每次迭代中获得的最新局部邻域。

kNNModel 模型构建过程描述如下：

(1)选择一个距离函数，例如欧氏距离，创建一个训练集的距离矩阵。

(2)设置所有的样本为"未分类"标记。

(3)为每个"未分类"样本寻找它的局部邻域。

(4)在由(3)所获取的所有局部邻域中找到全局邻域。创建一个$<Cls(x_i),Sim(x_i),$ $Num(x_i),Rep(x_i)>$形式的代表点模型集合 M，它代表所有被 N_i 覆盖的样本点，并设置其所有覆盖的样本点为"已分类"状态。

(5)重复(3)和(4)直到训练集中所有的样本被标记为"已分类"。

(6)模型 M 包含所有从上面学习过程收集的代表点。

在上述算法中，M 代表创建的模型。代表点$<Cls(x_i),Sim(x_i),Num(x_i),Rep(x_i)>$的元素分别代表 x_i 的类标签，N_i 覆盖的最远样本点与 x_i 的距离，N_i 覆盖的样本数目，及代表点 x_i 本身。在第(4)步中，如果有多个具有相同最大近邻数的局部邻域覆盖，则选择最小 $Sim(x_i)$ 值的那个，即选择最高密度的那个作为代表点。kNNModel 分类的详细算法如下：

(1)在分类新样本 x 前先计算样本与模型 M 中所有代表点的距离。

(2)如果 x 只被一个代表点$<Cls(x_j),Sim(x_j),Num(x_j),Rep(x_j)>$所覆盖，即 x 与 x_j 的距离小于 $Sim(x_j)$，则把 x_j 的类标签赋给 x。

(3)如果 x 至少被两个有不同类标签的代表点覆盖,则把具有最大 $Num(x_i)$,即具有最多样本邻域的代表点的标签赋给 x。

(4)如果模型 M 中没有代表点覆盖 x,则把边界离 x 最近的代表点的类标签赋给 x。

x 与 x_i 的最近边界距离与 x 减去 $Sim(x_i)$ 的距离差异相同。为进一步改善 kNNModel 性能引入了两个参数:簇内容错率 ε 和簇所覆盖的最小样本数 N。通过稍微调整 ε 和 N 就可以改善 kNNModel 的分类精度。

2.3.3 模糊 kNNModel

kNNModel 是一个在很多公共数据集上比 kNN 更有效的分类算法。然而,kNNModel 的硬性分类划分特性影响了它在簇边界周围样本的分类性能。

模糊划分是处理这种边界问题的直接方法。在这种情况下,不管测试样本在簇内还是簇外,样本都可以以 $0\sim1$ 范围内的隶属度属于所有的簇。

假设 $<Cls(c),Sim(c),Num(c),Rep(c)>\in M$ 是 kNNModel 的代表点;A_c 是这个代表所覆盖的所有样本的集合;X 是测试样本集,样本 $x\in X$,代表点集合 A_c 的一种传统表示为:

$$A_c=\{x\mid x\in X,d(x,c)<Sim(c)\} \tag{2-14}$$

这里 $d(x,c)$ 是 kNNModel 所使用的距离函数。集合 A_c 在 X 上的模糊代表点被定义为一组有序对:

$$A_c=\{x,u_{A_c}(x)\mid x\in X\} \tag{2-15}$$

在公式(2-16)中,$u_{A_c}(x)$ 为集合 A_c 中 x 的隶属函数。这个隶属函数映射 X 中每个元素到 $0\sim1$ 范围内的隶属度。

$$u_{A_c}(x)=\begin{cases} 1 & x\leqslant a \\ 1-2\times(\dfrac{x-a}{b-a})^2 & a\leqslant x\leqslant \dfrac{1}{2}(a+b) \\ 2\times(\dfrac{x-a}{b-a})^2 & \dfrac{1}{2}(a+b)\leqslant x\leqslant b \\ 0 & x\geqslant b \end{cases} \tag{2-16}$$

图 2-18 给出 $a=3,b=7$ 时,使用 Matlab 模糊逻辑工具箱中的 Z-型内置隶属函数为测试集每个样本计算的隶属度分布情况。

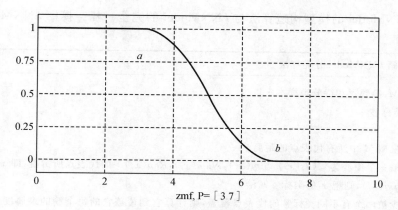

图 2-18 Z-型隶属函数

当 $a=\dfrac{1}{2}\times Sim(x_j)$，$b=\dfrac{3}{2}\times Sim(x_j)$ 时，模糊 kNNModel 算法对 a、b 的解释在图 2-19 中给出。

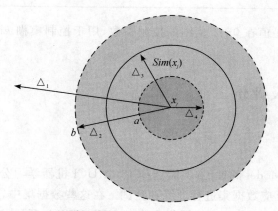

图 2-19 样本分布情况

图 2-19 包含四个标记分别为 $\triangle_1$，$\triangle_2$，$\triangle_3$ 和 $\triangle_4$ 的测试样本，隶属函数 $u_A(x)$ 映射的隶属度为：

$u_A(\triangle_1)=0$；

$u_A(\triangle_2)=2\times\left(\dfrac{d(\triangle_2,x_j)-b}{b-a}\right)^2$；

$u_A(\triangle_3)=1-2\times\left(\dfrac{d(\triangle_3,x_j)-a}{b-a}\right)^2$；

$u_A(\triangle_4)=1$。

模糊 kNNModel 的模型构造算法与 kNNModel 的完全一样。模糊 kNNModel 的详细分类算法如下。

算法 2-5　模糊 kNNModel 分类算法

输　入:模型 M,参数 γ 和待分类样本 x

输　出:x 的类标签

Begin

1. 计算 x 与模型 M 中所有代表点的距离。

2. 如果 x 只被一个中心为$<Cls(x_j),Sim(x_j),Num(x_j),Rep(x_j)>$的代表点所覆盖,即 x 与 x_j 的距离小于 $\gamma \times Sim(x_j)$,则把 x_j 的类标签赋给 x

3. 如果 x 至少被两个有不同类标签的代表点覆盖,则计算它到覆盖它的每个簇的隶属度,并把所有具有相同类标签的隶属度求和,最后把具有最大隶属度的代表点的类标签赋给 x

4. 如果模型 M 中没有代表点覆盖 x,则计算模型 M 中 x 到每个簇的隶属度,并求和有相同类标签的簇的隶属度,把具有最大隶属度的代表点的类标签赋给 x

End

在上述算法中,γ 是值在 0~1 范围的控制参数,用于控制模糊 kNNModel 算法的模糊度。

2.3.4 实验结果及评价

2.3.4.1 数据集

为评估模糊 kNNModel 的性能,实验选择 13 个 UCI 机器学习公共数据集和 7 个现实应用的化工产品毒性反应数据集进行训练和测试。在这些数据集中,Trout、Bees、Daphnia、Dietary_Quail 和 Oral_Quail 五个数据集来自于 DEMETRA 项目[34];APC 数据集来源于 CSL 项目资助[35];Phenols 来源于 TETRATOX 数据库[36]。有关这些数据集的相关信息见表 2-9。

表 2-9　数据集的相关信息

Dataset	NF	NFFS	NN	NO	NB	NC	NI	CD
Australian	14	14	4	6	4	2	690	383 : 307
Colic	22	22	15	7	0	2	368	232 : 136
Diabetes	8	8	0	8	0	2	768	268 : 500
Glass	9	9	0	9	0	7	214	70 : 17 : 76 : 0 : 13 : 9 : 29
Heart	13	13	3	7	3	2	270	120 : 150
Ionosphere	33	33	0	33	0	2	351	126 : 225
Iris	4	4	0	4	0	3	150	50 : 50 : 50
LiverBupa	6	6	0	6	0	2	345	145 : 200
Sonar	60	60	0	60	0	2	208	97 : 111
Vehicle	18	18	0	18	0	4	846	212 : 217 : 218 : 199
Vote	16	16	0	0	16	2	232	124 : 108
Wine	13	13	0	13	0	3	178	59 : 71 : 48
Zoo	16	16	16	0	0	7	90	37 : 18 : 3 : 12 : 4 : 7 : 9
Trout	248	22	0	22	0	3	282	129 : 89 : 64
Bees	252	11	0	11	0	5	105	13 : 23 : 13 : 42 : 14
Daphnia	182	20	0	20	0	4	264	122 : 65 : 52 : 25
Dietary_Quail	254	12	0	12	0	5	123	8 : 37 : 34 : 34 : 10
Oral_Quail	253	8	0	8	0	4	116	4 : 28 : 24 : 60
APC	248	6	0	6	0	4	60	17 : 16 : 16 : 11
Phenols	173	11	0	11	0	3	250	61 : 152 : 37

在表 2-9 中，表头的含义如下：NF 表示总属性数目；NFFS 表示特征选择后的属性数目；NN 表示命名型属性数目；NO 表示序数型（Ordinal）属性数目；NB 表示二元型属性数目；NC 表示类别总数；NI 表示样本总数；CD 表示类分布情况。

2.3.4.2 实验环境

实验采用 10 折交叉验证法评估不同分类/聚类算法，并且把 SVM（支撑向量机）和 DT（决策树）作为标准进行比较。实验中用到的 k-means 和 DT 算法来自于 WEKA 软件包[37]。SVM 来自于支撑向量机库 LIBSVM[38]。模糊 c-means 来自于 FuzMe 包[39]。其他算法都由我们自己设计编写。

2.3.4.3 统计工具比较

目前有很多相似的统计方法来检验特定学习任务,下一个学习算法是否优于另一个算法。在这些方法中通常采用的是符号检验方法,它从统计学角度检验两个分类算法的性能差异。下面简要说明这种检验方法。

符号检验方法[40]是一种用于比较两种不同分类算法性能的统计工具。给定 n 个数据集,用 n_A(或 n_B)表示这些数据集的样本数目,评价这些数据集上分类算法 A 的分类精度优于(或劣于)分类算法 B 时,有:

$$z=\frac{\frac{n_A}{n_A+n_B}-p}{\sqrt{\frac{p\times q}{n_A+n_B}}}\approx N(0,1) \tag{2-17}$$

这里 p 是 A 分类算法优于 B 分类算法的概率;$q=1-p$。在零假设下,$p=0.5$,则

$$z=\frac{\frac{n_A}{n_A+n_B}-0.5}{\sqrt{\frac{0.5\times0.5}{n_A+n_B}}}\approx N(0,1) \tag{2-18}$$

服从(或趋近于)$N(0,1)$ 标准正态分布。如果 $|Z|>Z_{\infty,0.975}=1.96$,两种分类算法具有相同的分类性能,可以拒绝零假设。

2.3.4.4 实验评价

[实验 1]在该实验中,用 10 折交叉验证法在 20 个数据集上对 7 个分类器(SVM,DT,kNNModel,kNN,k-means,模糊 kNN 和模糊 c-means)和模糊 kNNModel 进行了测试。实验结果在表 2-10 和表 2-11 中给出。

由于原始的毒性数据集包含了大量的属性特征,其中一些还包含无关或冗余的信息,或包含噪声和不可靠数据。对每个毒性数据集,选用 WEKA 软件包[37]的 $CfsSubsetEval$ 特征选择器选择一个更有意义的特征子集来进一步分类。表 2-10 和表 2-11 使用了特征选择后的特征子集。这里列出 SVM 和 DT 的实验结果为基准进行比较。在表 2-10 中,SVM 参数设置为"-s0-t0-v10-c1",各参数的含义分别为:-s:SVM 类型;-t:核函数类型;-vn:n 折交叉验证模式;-c:惩罚系数。kNNModel 第一步中的参数 ε 和 N 分别在 0～5 间调整;模糊 kNNModel 中的参数 γ 在 0.3～0.9 间调整。实验结果显示 kNNModel 和模糊 kNNModel 效果最好。

表 2-10　20 个数据集上不同分类器的性能比较(一)

Dataset	SVM	DT	Fuzzy kNNModel	γ	kNNModel	ε	N
Australian	81.45	85.50	86.09	0.3	86.09	2	5
Colic	83.89	80.90	85.00	0.5	83.61	1	4
Diabetes	77.11	76.60	76.05	0.5	75.78	1	5
Glass	62.86	66.30	72.86	0.5	69.52	3	3
Heart	84.07	75.60	82.59	0.8	81.85	1	3
Ionosphere	87.14	84.50	94.86	0.9	94.29	0	1
Iris	98.67	92.00	96.00	0.5	96.00	0	2
LiverBupa	69.71	65.80	68.53	0.9	68.53	2	2
Sonar	74.00	69.40	87.00	0.9	84.00	0	3
Vehicle	77.50	67.90	67.38	0.5	66.55	2	3
Vote	96.96	96.10	92.17	0.9	91.74	4	5
Wine	95.29	92.10	95.88	0.8	95.29	0	1
Zoo	97.79	91.10	95.56	0.5	92.22	0	0
Subaverage	83.57	80.29	84.61	/	83.50	/	/
Trout	58.21	56.74	62.14	0.8	60.71	1	2
Bees	50.00	42.86	53.00	0.7	53.00	0	0
Daphnia	51.92	45.45	62.69	0.3	60.00	2	0
Dietary_Quail	46.67	34.15	51.67	0.8	50.83	3	0
Oral_Quail	62.73	56.03	64.55	0.3	64.55	0	4
APC	33.33	38.33	50.00	0.3	48.33	2	4
Phenols	77.20	76.40	76.80	0.3	76.40	1	3
Subaverage	54.29	49.99	60.12	/	59.12	/	/
Average	73.33	69.69	76.04	/	74.96	/	/

表 2-11　20 个数据集上在不同分类器的性能比较(二)

Dataset	kNN($k=5$)	Fuzzy kNN($k=5$)	k-means	Fuzzy c-means
Australian	85.22	81.74	73.34	85.51
Colic	83.06	78.33	70.93	79.08
Diabetes	74.21	71.32	66.80	71.09
Glass	67.62	67.62	44.40	57.48
Heart	80.37	79.63	79.63	80.00
Ionosphere	84.00	83.43	70.94	70.94
Iris	96.67	92.67	88.00	92.67
Liverbupa	66.47	64.41	55.95	57.10
Sonar	85.00	84.50	55.77	62.98
Vehicle	69.29	70.00	36.41	39.23
Vote	92.17	73.91	89.23	89.66
Wine	94.71	95.88	94.38	97.75
Zoo	95.56	66.67	74.45	85.56
Subaverage	82.64	77.70	69.25	74.54
Trout	59.93	53.21	46.45	46.45
Bees	58.10	56.00	45.71	46.67
Daphnia	54.17	53.46	45.83	49.62
Dietary_Quail	47.97	43.33	43.09	47.15
Oral_Quail	57.76	49.09	51.72	54.31
APC	43.33	41.67	51.67	41.67
Phenols	73.60	70.00	58.40	67.20
Subaverage	56.41	52.39	48.98	50.44
Average	73.46	68.84	62.16	66.11

[实验 2]这个实验的目的是衡量任意两种学习算法在性能上的统计差异。根据表 2-10 和表 2-11 得到的结果,将任意两种分类器的性能进行比较。表 2-12 给出了用 SignedTest 检验方法计算得到的结果。

表 2-12　不同分类器的符号检验结果

SignedTest	SVM	DT	kNNModel	kNN	Fuzzy kNN	k-means	Fuzzy c-means
$n_A : n_B$	12 : 8	17 : 3	15 : 0	15 : 3	17 : 2	19 : 1	19 : 1
Fuzzy kNNModel	0.89	3.13(↑)	3.87(↑)	2.83(↑)	3.44(↑)	4.02(↑)	4.02(↑)

在表 2-12 中,单元格(2,4)中的值 3.87(↑)表示在 20 个数据集上,模糊 kNNModel 在性能上优于 kNNModel。即对应有 $|Z| > Z_{15,0.975} = 2.13$。单元格(2,2)中的值 0.89 表示在 20 个数据集上模糊 kNNModel 与 SVM 在性能上没有显著差异,相应地,有 $|Z| > Z_{20,0.975} = 2.09$。

2.3.4.5 结果分析

kNNModel 是一种新颖的分类方法,该方法在许多公共数据集上有着比 kNN 更高的平均精度。它由于硬性划分特性使得其在处理簇的边界样本时效率低下。它通过引进 ε 和 N 两个参数以调整参数代价来解决上述问题。本节所介绍的模糊 kNNModel 旨在通过模糊划分 kNNModel 簇来改善边界问题。它不仅保留了 kNNModel 的优势,也改善了其在分类边界样本所面临的缺陷。且只引进了一个参数 γ 来控制模糊度。表 2-10 中的结果显示,在 20 个数据集中的 15 个数据集上,模糊 kNNModel 的分类性能高于 kNNModel,而只在 5 个数据集上的实验结果与 kNNModel 相同。

表 2-10 和表 2-11 也显示,在 20 个数据集上,模糊 kNNModel 的分类精度也高于其他的学习方法。尤其在毒性数据集上更为明显。从统计的角度上看,除了 SVM 外,模糊 kNNModel算法也优于其他方法。虽然模糊 kNNModel 和 SVM 在性能上没有显著差异,但模糊 kNNModel 的平均分类精度仍高出 SVM 3.56 个百分点。

2.3.5　小结

本节对五种广泛应用的聚类/分类算法:k-means 聚类,模糊 c-means 聚类,kNN,模糊 kNN 和 kNNModel 进行分析并讨论了它们的不足之处。针对这些不足提出了集成模糊 c-means聚类和 kNNModel 优势的模糊 kNNModel 算法,并在系统中实现了模糊 kNNModel、kNNModel、kNN 和模糊 kNN。实验在 13 个 UCI 机器学习公共数据集和 7 个现实应用的化工产品毒性反应数据集上进行。所有的实验结果表明,本节介绍的模糊 kNNModel 算法优于其他方法。可以进一步改进的工作包括选择更合适的模糊隶属函数和来自特殊应用的数据集参数 γ,以进一步提高分类精度。

2.4 最近邻分类的多代表点学习算法

【摘要】最近邻分类是一种已被广泛研究的有监督的机器学习方法。经典的 kNN 算法存在参数 k 难以确定和分类效率低的缺点。近年提出的基于模型的 kNN 算法(kNNModel)使用代表点集合构造训练样本的分类模型,克服了上述缺点,但需要较高的计算时间代价。本节介绍一种高效的多代表点学习算法,用于最近邻分类,运用结构风险最小化理论对影响新分类模型期望风险的因素进行了分析,在此基础上,使用无监督的局部聚类算法学习优化的代表点集合。在实际应用数据集上的实验结果表明,新算法可以对复杂类别结构数据进行有效分类,并大幅度提高了分类效率。

2.4.1 引言

分类是一种有监督的机器学习方法,在各种文档资料的自动归类等领域有着重要的应用价值。迄今,研究者已提出多种分类算法,可归纳为两种类型[41,42]:一种是信息检索领域提出的算法,包括相关反馈法、线性分类器等;另一类则包括了传统的机器学习算法,如决策树、贝叶斯分类器、支撑向量机(SVM)[43] 和基于实例的分类器等。k 最近邻(kNN)[44] 是一种基于实例的分类算法,由于简单但颇为有效的特点被列为十大数据挖掘算法之一[45]。但是,在实际应用中,kNN 所使用的关键参数 k(用于判断测试样本类别的近邻数目)很难确定;同时,kNN 是一种"懒"分类器(lazy classifier),它并没有从训练样本中学习得到显式的分类模型,以致需要保存所有的训练样本用于分类。为克服这些缺点,已提出多种基于最近邻思想的改进算法,如文献[46~49]等。其中,由 Guo 等人提出的 kNNModel 算法[48,49],使用代表点(representative)集合建立了最近邻分类模型,且可以在学习过程中自动确定 k 的取值。由于使用了以物理点为中心的代表点搜索方法,kNNModel 算法的时间复杂度为 $O(n^2)$(这里 n 是训练样本数),且没有对代表点的集合进行优化,当数据集存在复杂的类别结构(如类间存在重叠现象)时,其分类的精度受到影响。

本节介绍一种多代表点的学习算法 MEC[69](Multi-representatives for Efficient Classification)用于最近邻分类,基于结构化风险最小化理论[50] 对新分类模型进行了理论分析。与 kNN 相比,新算法基于代表点集合构造显式的训练模型,是一种急切分类器(eager classifier),同时自动地确定代表点的数目;与 kNNModel 相比,MEC 的训练算法所获得的优化模型可以对具有复杂类别结构的数据进行有效分类。MEC 算法使用无监督的聚类学习方法确定代表点。在多个实际应用数据集上的实验结果表明,MEC 算法具有较高分类精度,同时大幅度提高了分类效率。

2.4.2 背景知识与相关工作

给定训练数据集 $Tr=\{(x_1,y_1),(x_2,y_2),\cdots,(x_i,y_i),\cdots,(x_n,y_n)\}$，其中记号 x_i 表示第 i 个训练样本，是 $d(d>1)$ 维欧氏空间的一个向量；$y_i\in\{1,2,\cdots,K\}$ 是 x_i 的类别标号，K（$K>1$）是类别数目。用 n_l 表示 Tr 中类别标号为 l 的样本数目，训练样本总数 $n=n_1+n_2+\cdots+n_K$。设 x 表示任意一个样本，y 是 x 的类别标号，分类问题就是从 Tr 构造一种映射关系 $f:x\rightarrow y$，给定一个未知类别的测试样本 x_t 时，可以使用 f 确定的映射关系赋予 x_t 的类别标号 y_t。这样的 f 称为分类模型或分类函数。

近邻分类器基于测试样本和训练样本之间的相似性进行分类。任意两个样本 x_i 和 x_j 之间的相似性用 $sim(x_i,x_j)$ 表示，在 d 维欧氏空间中通常使用欧氏距离 $dist(x_i,x_j)$ 来代替（衡量 x_i 和 x_j 之间的相异度）。经典的 kNN 算法[44] 没有显式的构造 f，而是在给定测试样本 x_t 时，从 Tr 中搜索得到 k 个与 x_t 最相似的样本组成最近邻集合 $NN(x_t)$，再依据多数投票原则对 x_t 进行分类，即

$$y_t=\underset{l}{\arg\max}\sum_{(x_i,y_i)\in NN(x')}I(l=y_i)$$

这里 $I(\text{true})=1$ 和 $I(\text{false})=0$。除需要用户给定参数 k 外，kNN 算法还需要保存 Tr 中的所有样本实现分类。为减少保存的信息，可以从训练样本中提取出少量的具有代表意义的"点"，用以表示一定空间区域内具有相同类别标号的大量的训练样本，这些代表点及其相关的统计信息组成了一种显式的分类模型。图 2-20 给出一个例子。

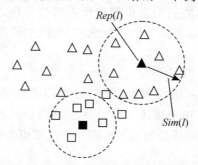

图 2-20　基于代表点的分类模型示意图

图 2-20 包含两类数据点（分别对应于三角形和正方形）。在 kNNModel[48,49] 中，其每个圆圈代表对空间一定区域的覆盖，称为模型簇（model cluster）$p_l(l=1,2,\cdots,m)$。形式地，$p_l=<Cls(l),Sim(l),Num(l),Rep(l)>$，这里，$Rep(l)\in Tr$ 是处于空间区域中心位置的一个样本，如图 2-20 中两个实心的点；区域内的所有样本具有相同的类别标号 $Cls(l)$，因此都可以看作是 $Rep(l)$ 的近邻，这样 $Rep(l)$ 就是该区域内所有样本的代表点；$Sim(l)$ 和

$Num(l)$ 用于描述 p_l 所覆盖区域的一些统计信息，分别表示区域的半径和训练样本的数目。kNNModel 保存 $M=\{p_1,p_2,\cdots,p_a\}$ 并称之为分类模型，$a(a{\geqslant}K)$ 是模型簇的数目。给定 M，kNNModel 根据测试样本落入的模型簇确定其类别。kNNModel 学习模型 M 的步骤如下[15]：

（1）计算 Tr 中所有数据点对之间的相似度，将所有样本标记为"未处理"；

（2）以每个"未处理"的样本为圆心扩展一个区域，使这个区域覆盖最多的同类点，而不覆盖任何异类点；

（3）选择覆盖最多点的区域，将之保存为一个模型簇。将该区域覆盖的所有样本标记为"已处理"；

（4）重复（2）（3）步骤，直到所有的训练数据都被标记为"已处理"。

根据上述过程，kNNModel 可以自动确定代表点的近邻数 k，计算复杂度为 $O(n^2)$；另外，它所选取的代表点是物理点（physical point），这在一定程度上限制了其对模型簇的优化。本节介绍的算法继承了 kNNModel 的优点，且使用 k-means 算法[51]对训练样本进行部分聚类（partial clustering）以获得优化的模型簇，k-means 算法具有 $O(n)$ 的时间复杂度，是一种已得到广泛研究和应用的聚类算法。为应用 k-means 用户需要事先给定划分数目 k。本节将通过分析分类模型的结构风险以确定每个类别的代表点数目，达到优化模型的目的。

2.4.3 MEC 算法

本小节首先给出模型簇等的形式定义，根据结构风险理论[50]确定算法的优化目标，接着给出 MEC 算法过程并对算法的主要步骤和性能进行分析。为便于描述，以下将使用欧氏距离 $dist(x_i,x_j)$ 衡量两个样本 x_i 和 x_j 之间的相似度（相异度）。

2.4.3.1 分类模型

MEC 训练过程的目标是从训练数据 Tr 学习得到优化的分类模型 $\{p_1,p_2,\cdots,p_a\}$，其每个元素 p_l 称为一个模型簇，用于描述一定空间区域内具有相同类别标号的样本点，这些样本点的集合记为 C_l；a 是模型簇的数目。p_l 用一个三元组表示。

定义 2.4.1　模型簇

模型簇 $p_l=(v_l,Radius(l),Class(l))$，$l=1,2,\cdots,a$。其中

v_l：p_l 的代表点。

$Radius(l)$：p_l 的半径，p_l 覆盖的范围为以 v_l 为中心、$Radius(l)$ 为半径的空间区域。

$Class(l)$：C_l 中所有样本具有相同的类别标号 $Class(l)$。

与 kNNModel[15]不同，每个模型簇 p_l 的代表点 v_l 是该模型簇覆盖范围内所有样本的中心，以下也称 v_l 为 p_l 的中心点，这个"虚拟点"用公式（2-19）计算：

$$v_l = \frac{1}{|C_l|} \sum_{x \in C_l} x \qquad (2\text{-}19)$$

其中，$|C_l|$ 表示 C_l 集合包含的样本数。设 FH_l 表示模型簇范围内最远离中心（farthest hit，简称 FH）的样本点，即 $FH_l = \arg \max_{x \in C_l} dist(x, v_l)$；$NM_l$ 为离中心点最近且具有与模型簇相异类别（nearest miss，简称 NM）的样本点，$NM_l = \arg \min_{(x,y) \in Tr \text{ and } y \ne Class(l)} dist(x, v_l)$，$p_l$ 的半径定义为

$$Radius(l) = \begin{cases} dist(v_l, NM_l) & \text{if } dist(v_l, FH_l) > dist(v_l, NM_l) \\ \dfrac{dist(v_l, FH_l) + dist(v_l, NM_l)}{2} & \text{otherwise} \end{cases}$$

$$(2\text{-}20)$$

直观上，若最近的异类样本更接近模型簇中心，为保证模型簇只覆盖相同类别的样本，其边界只能触及 NM 点；否则，模型簇的边界可以放大到 FH 和 NM 的中点，这里借鉴了 SVM 的分类思想[50]，将 FH 和 NM 看作隶属于两个类别的支撑向量。基于定义 2.4.1，可以将 MEC 处理的 K 类分类问题分解为 K 个二类分类问题，对应于 K 个分类模型。

定义 2.4.2　k-分类模型

称 M_k 为 Tr 的第 $k(k=1,2,\cdots,K)$ 个分类模型，简称 k-分类模型：

$$M_k = \{p_l \mid l = 1, 2, \cdots, \alpha \text{ and } Class(l) = k\}$$

给定待分类样本 x_t，可以应用 $M_k(k=1,2,\cdots,K)$ 对其进行 K 次二类分类，其第 k 次分类的目的是判断 x_t 是否属于类别 k。换句话说，对 M_k 而言，训练数据集的类别集合为 $\{k, 0\}$，只包含两个类别，其中 0 表示"类别不为 k"。分类的依据是 x_t 是否落入 M_k 包含的任意一个模型簇的覆盖范围，如公式（2-21）所示。

$$Prediction(x_t, M_k) = \begin{cases} k & \text{if } \exists\, p_l \in M_k : dist(x_t, v_l) \leqslant Radius(l) \\ 0 & \text{otherwise} \end{cases} \qquad (2\text{-}21)$$

MEC 分类算法 MECTesting 以公式（2-21）为基础，算法汇总如下。

算法 2-6　分类算法 MECTesting

输　入：分类模型 $\{M_1, M_2, \cdots, M_K\}$，待分类样本 x_t

输　出：x_t 的类别 y_t

Begin

1. 根据公式（2-21）对 x_t 进行 K 次二值分类，得到类别标号集合 $S = \{Prediction(x_t, M_k) \mid k = 1, 2, \cdots, K\} / \{0\}$

2. 当且仅当 S 包含一个类标号时，输出这个类标号，分类完成

3. 否则，输出类标号为离 x_t 最近的中心点所属的类别，即 $y_t = Class(\arg \min_{l=1,2,\cdots,\alpha} dist(x_t, v_l))$

End

MECTesting 首先测试所有覆盖 x_t 的模型簇,若这些模型簇具有相同的类别标号,则赋予 x_t 这些模型簇共同的类别标号;否则(包括 S 为空的情形),依据最近邻原则,将 x_t 分类为与之最相似的代表点对应的类别。MECTesting 的时间复杂度为 $O(\alpha)$。

2.4.3.2 结构风险

如上所述,应用分类模型 M_k 对未知样本进行分类是一个二类分类过程,因此可以基于 VC 维理论[50]对每个这样的分类模型进行结构风险分析。Vapnik 给出了二类分类模型期望风险的上界[50],使用本节的记号,期望风险 $R(M_k)$ 满足

$$R(M_k) \leqslant R_{emp}(M_k) + VC\_confidence(h_k)$$

其中,h_k 表示 M_k 的 VC 维;$VC\_confidence(h_k)$ 表示 VC 置信度;$R_{emp}(M_k)$ 表示经验风险,是分类模型作用于训练集时产生的平均误差。在 MEC 中,M_k 的经验风险为:

$$R_{emp}(M_k) = \frac{1}{n} \Big(\sum_{(x,y) \in Tr, y=k} I(k \neq Prediction(x, M_k)) +$$
$$\sum_{(x,y) \in Tr, y \neq k} I(k = Prediction(x, M_k)) \Big) \tag{2-22}$$

为提高分类性能,应尽量降低分类模型的期望风险。下面,分别对构成 $R(M_k)$ 上限的经验风险和 VC 置信度这两个因素进行分析。首先,给定训练集,M_k 的经验风险与其模型簇数目 $|M_k|$ 有关。考虑两种极端情形,当 $|M_k|=1$ 时,MEC 退化为传统的基于中心点的分类[48],此时分类模型具有最大的经验风险;另一种情形是 $|M_k|$ 取最大值,训练集中类标号为 k 的每个样本点都构成一个模型簇(此时类似于 1-NN,但不完全相同),其经验风险相应地可降低到最小值 0。直观上,经验风险 $R_{emp}(M_k)$ 随着模型簇数目 $|M_k|$ 的增长而呈变小的趋势。但 $R_{emp}(M_k)$ 并不一定是关于 $|M_k|$ 的单调递减函数,图 2-21 显示这样一个例子,所用数据为著名的 Iris 数据集(参见 2.4.4.1 节)中两个重叠的类:Iris-virginica 和 Iris-versicolor。如图所示,在分类模型的经验风险从最大值变化到 0 的过程中,可能存在若干个局部极小点。

另一方面,M_k 的 VC 置信度却随着 $|M_k|$ 的增长而单调递增。文献[42]研究了 LVQ 算法的 VC 维,根据其定理 1 的结论可知 LVQ 的 VC 维是其"原型"(prototypes)数目的单调递增函数。实际上,由定义 2.4.1 所确定的模型簇可以看作是 LVQ 中"原型"的一种扩展。LVQ 中"原型"对应于模型簇的中心点,模型簇增加的每个"原型"的覆盖半径,对应于文献[4]指出的"原型"边界 θ。注意:模型簇数目 $|M_k|$ 等于 LVQ 中"原型"的数目,而根据 VC 置信度的定义[50],VC 置信度是 VC 维的递增函数,因而,M_k 的 VC 置信度是 $|M_k|$ 的单调递增函数。

综上分析,$R(M_k)$ 的上限由经验风险和 VC 置信度这两个矛盾的因素(相对于 $|M_k|$)共同决定。模型训练算法的目标就是搜索一个优化的 M_k 以尽量降低模型的期望风险,取得二者之间的某种平衡。

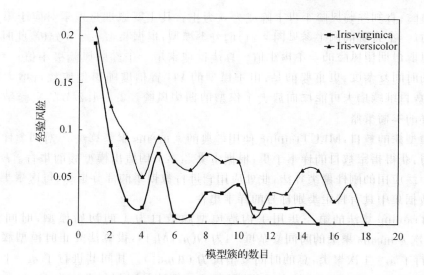

图 2-21　模型簇数目与经验风险之间的关系(Iris 数据集)

2.4.3.3 模型训练算法

给定包含 K 个类别的训练集,模型训练过程调用 K 次训练算法 MECTraining,为每个类别建立优化的 k-分类模型。MECTraining 算法汇总如下。

算法 2-7　训练算法 MECTraining

输　入:训练集 Tr,待生成分类模型的类标号 $k(k=1,2,\cdots,K)$

输　出:分类模型 M_k

Begin

1. 构造初始模型 $M_k=\{p_0\}$。令 $C_0=\{Tr$ 中类标号为 k 的样本$\}$,使用公式(2-19)、(2-20)构造初始模型簇 $p_0=(v_0,Radius(0),k)$;使用公式(2-22)计算经验风险 $R_{emp}(M_k)$

2. 若 $R_{emp}(M_k)=0$ 或 $|M_k|=|C_0|$,返回 M_k,算法结束

3. 使用 k-means 聚类算法[48]将 C_0 中的样本划分为 $|M_k|+1$ 个样本子集 $C_1,C_2,\cdots,C_{|M_k|+1}$

4. 构造模型 $M_k{}'=\{p_i|i=1,2,\cdots,|M_k|+1\}$。使用公式(2-19)、(2-20)构造其中的模型簇 $p_i=(v_i,Radius(i),k)$

5. 使用公式(2-22)计算经验风险 $R_{emp}(M_k{}')$

6. 若 $R_{emp}(M_k)\leqslant R_{emp}(M_k{}')$,返回 M_k,算法结束,否则,$M_k=M_k{}'$,重复第 2 步～第 5 步

End

对于每个类别 $k(k=1,2,\cdots,K)$,算法从模型簇数目 1 开始,尝试增加模型簇数目并评

估其经验风险,直到经验风险不再下降或为 0 为止。其主要原理是搜索对应于第一个经验风险极小值(一个直观的例子参见图 2-21)的分类模型,根据 2.4.3.2 节分析,此时模型的训练过程可以取得期望风险的一个极小值。算法仅搜索第一个经验风险极小值,一方面可以降低计算的时间复杂度,更重要的是,由于模型的 VC 置信度随模型簇数目增大而单调递增,模型簇数目继续增大可能反而放大了模型的期望风险。2.4.4.2 节的实验结果表明这是一种较好的平衡策略。

给定模型簇的数目,MECTraining 使用经典的 k-means 聚类算法[51]对同类样本进行无监督的学习,获得指定数目的样本子集,根据定义 2.4.1 构造出模型簇的集合。k-means 是一种已被广泛应用的刚性聚类算法,此处应用它进行数据集的部分聚类,每次聚类的数据对象是训练数据集中具有特定类别标号的样本集合。

MECTraining 算法的第一步用于构造模型簇数目为 1 的初始模型,时间复杂度为 $O(n_k)$。单次 k-means 聚类的时间复杂度[51]为 $O(n_k|M_k|)$,设算法终止时模型簇的数目为 α_k,则共进行了 α_k-1 次聚类,总的时间复杂度为 $O(n_k\alpha_k^2)$。其间共进行了 α_k-1 次模型簇构造,时间复杂度为 $O(n_k\alpha_k)$。综上,MECTraining 算法的时间复杂度为 $O(n_k\alpha_k^2)$。若给定的训练集包含 K 个类别,MECTraining 算法将执行 K 次,故训练过程总的时间复杂度可记为 $O(Kn\alpha^2)$。给定训练集 Tr,α 是独立于 n 的常数,且通常 $\alpha\ll n$。故相对于训练样本的数目 n,训练算法具有线性的时间复杂度。

2.4.4 实验与分析

实验验证包括算法有效性和算法效率两方面。选择 kNN[44]、Weighted$k$NN[47]和 kNNModel[15]这三种基于最近邻思想的分类器作为对比对象。各种算法使用的样本间相似度度量都采用欧氏距离。由于估计 kNN 算法参数 k 的取值比较困难,实验中设定 $k=1$ 和 $k=3$ 进行性能比较,分别记为 1-NN 和 3-NN。Weighted kNN 算法的参数设定为 $k=5$,采用高斯核函数加权。kNNModel 算法使用了第一种剪枝策略并设置容忍度为 0[15]。另外,还选取了 SVM[43]作为参照,以分析各种最近邻分类器的性能。实验中 SVM 的实现使用了 C-SVC(http://www.csie.ntu.edu.tw/~cjlin/libsvm/),采用线性核函数。实验设备为配置 2.4GHz CPU 和 3GB RAM 的计算机。

2.4.4.1 实验数据

实验采用了 6 个数据集,如表 2-13 所示。前两个数据集为机器学习常用的 benchmark 数据,来自 UCI machine learning repository(http://www.ics.uci.edu/~mlearn/databases/),分别为 Iris 和 Wisconsin Cancer Dataset,后者简称为 Wisconsin。另外,为比较和分析

各种算法对大型、复杂数据的分类性能，选取了 4 个中文文本数据集，它们均摘自中文分类语料库 TanCorp(http://www. searchforum. org. cn/tansongbo/corpus. htm)。文本数据都采用最简单的向量空间模型(VSM)[43]表示，数据矩阵每个元素的值为词在文档中出现的频度。为消除文档的长度差异带来的影响，数据事先进行了单位向量长度变换。由于使用了欧氏距离，为减少不同属性取值范围对相似度度量的影响，所有数据集的属性值最后都经标准化处理变换到[0,1]区间。

表 2-13　实验数据集参数汇总表

Dataset	Number of categories(K)	Categories	Size (n)	Size of each category
Iris	3	Virginica, Versicolor, Setosa	150	50∶50∶50
Wisconsin	2	Malignant, Benign	699	241∶458
Tan-talent	6	人才薪金,人才管理,人才猎取,人才应试,人才履历,人才创业	608	40∶412∶39∶ 39∶39∶39
Tan-finance	6	金融,财富,证券,消费,企业,人物	819	267∶19∶ 214∶91∶164∶64
Tan-science	4	自然科学,考古科学,生命科学,天文科学	1040	229∶183∶459∶169
Tan-big6	6	汽车,地域,娱乐,艺术,卫生,体育	6997	590∶150∶1500∶ 546∶1406∶2805

2.4.4.2 实验结果

实验采用 5 折验证法。通过随机抽样将每个数据集均分为 5 个子集，每次选择其中的 4 个子集为训练数据，剩余的第 5 个子集为测试数据。应用 MEC 分类时，首先用 $k=1,2,\cdots,$ $K(K$ 是实际训练数据中的类别数)执行 $M_k = \mathrm{MECTraining}(\{(x_i,k) \mid (x_i,k) \in Tr\}, k)$；接着，对测试数据中的每个样本 x_t，调用 $\mathrm{MECTesting}(\{M_1, M_2, \cdots, M_K\}, x_t)$ 返回 x_t 的预测类别 y_t；最后，通过比较 y_t 和 x_t 的真实类别统计 MEC 的分类精度。实验采用 Micro-F1 和 Macro-F1 指标[3]衡量分类器的分类精度。表 2-14 汇总了 6 种分类器对每个数据集分别进行 5 次分类所取得的平均分类精度，表中每个元素上下两个单元分别对应于 Micro-F1 和 Macro-F1 值。

表 2-14 不同分类器的分类精度对比

Classifier	Iris	Wisconsin	Tan-talent	Tan-finance	Tan-science	Tan-big6
MEC	0.9600	0.9673	0.8756	0.7518	0.8663	0.9258
	0.9595	0.9637	0.7718	0.6564	0.8562	0.8648
1-NN	0.9533	0.9557	0.6827	0.4966	0.5751	0.8314
	0.9533	0.9508	0.4329	0.3613	0.5560	0.7373
3-NN	0.9400	0.9686	0.7015	0.4333	0.6058	0.8214
	0.9398	0.9654	0.4555	0.2581	0.5757	0.7213
Weighted 5-NN	0.9533	0.9657	0.6761	0.4023	0.6596	0.8495
	0.9531	0.9622	0.4084	0.1896	0.6059	0.7450
kNNModel	0.9526	0.9656	0.2495	0.4585	0.5832	0.7949
	0.9521	0.9624	0.2141	0.2376	0.5740	0.6753
SVM	1.0000	0.9568	0.8595	0.7853	0.8365	0.9629
	1.0000	0.9518	0.7272	0.6820	0.8324	0.9174

如表 2-14 所示,在较为简单的 Iris 和 Wisconsin 数据集上,kNN、Weighted kNN 和 kN-NModel 这三种最近邻分类器可以获得与 MEC 相当的高分类精度,但在其他 4 个具有复杂类别结构的文本数据集上,MEC 获得了较大幅度的性能提升。例如,在 Tan-talent、Tan-science 和 Tan-finance 三个数据集上,与上述三种分类器相比,MEC 的 Micro-F1 和 Macro-F1 指标提高幅度都达到 20% 以上。如表 2-13 所示,这三个数据集的各类别主题有交叠,即类间存在较为明显的重叠现象,kNN 和 Weighted kNN 分类处于重叠边界的样本时性能受到影响,并受限于其算法参数 k 的选择;kNNModel 可以自动设置最近邻数目,但使用物理点作为模型簇的中心,缺乏对模型簇覆盖范围的优化,降低了预测精度。MEC 以降低分类器的期望风险为目标,通过训练过程学习优化的模型簇集合,使之可以有效处理这样具有复杂类别结构的数据。经典的 SVM 分类器在多数数据集上都取得了较高的分类精度。但在 Wisconsin、Tan-talent 和 Tan-science 数据上,MEC 的性能超越了 SVM。部分原因在于这三个数据集类别分布不均衡的特点(见表 2-15)降低了 SVM 的性能。MEC 的训练过程使用局部聚类方法构造优化的模型簇集合,有效避免了各类别样本数量差异造成的影响。

表 2-15　不同分类器的训练/测试时间对比(s)

classifier	Tan-talent	Tan-finance	Tan-science	Tan-big6
MEC	1.394	1.007	0.770	7.023
	0.022	0.018	0.021	0.127
1-NN	—	—	—	—
	0.514	0.664	1.127	51.075
3-NN	—	—	—	—
	0.494	0.690	1.093	49.461
Weighted 5-NN	—	—	—	—
	0.480	0.691	1.107	49.815
kNNModel	1.106	1.606	2.494	112.241
	0.048	0.062	0.102	7.250
SVM	7.410	9.006	9.968	141.100
	3.853	3.276	4.306	41.933

表 2-15 显示不同分类器训练阶段和分类阶段使用的 CPU 时间(秒)。表中每个元素上下两个单元分别对应于训练时间和分类时间。由于 Iris 和 Wisconsin 两个数据集的数据规模较小,表 2-15 略去对它们的比较。从表 2-15 可以看出,不论训练阶段还是分类阶段,SVM 都需要最多的时间,kNN 是"懒"分类器,没有训练过程,但其分类阶段需要在所有的训练样本中搜索最近邻,因此需要比 kNNModel 和 MEC 高得多的时间开销。相对于样本数目,MEC 的训练时间接近于线性增长,而 kNNModel 的时间复杂度较高,如表所示,其训练时间随着样本数的增加急剧增长。MEC 和 kNNModel 算法分类阶段的运行时间与其构造的分类模型中代表点的数目(模型簇的数目)有关,两种算法在 6 个数据集上获取的模型簇数目对比如图 2-22 所示。如图所示,随着数据规模增大,MEC 模型大幅度减少了分类模型的代表点数目。这减少了分类算法的时间开销,更重要的是,通过引入优化的学习过程,MEC 算法使用更少的但却更优化的模型簇从训练数据集构造出分类模型,提升了最近邻分类的性能。

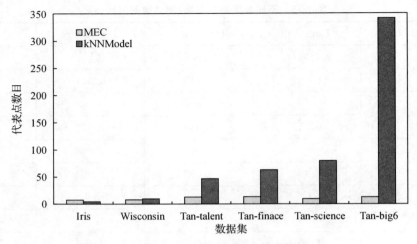

图 2-22　MEC 和 kNNModel 的代表点数目对比

2.4.5 小结

本节介绍了一种高效的多代表点学习算法 MEC,用于复杂类别结构数据的最近邻分类。为学习优化的代表点集合,依据结构风险理论对多代表点分类模型的期望风险进行了理论分析,提出了代表点数目的估计方法,继而通过训练样本的局部聚类得到代表点的集合。以代表点为基础,辅以其代表区域的统计信息,构造出了显式的分类模型用于最近邻分类。在 UCI 等机器学习领域常用数据集上的实验结果表明,MEC 可以有效地进行最近邻分类,其分类精度优于传统的 kNN 算法及其新近提出的其他改进算法,并大幅提升了分类效率。

2.5 改进的 k 近邻模型方法在文本分类中的应用

【摘要】本节介绍一种改进的 kNNModel 的文本分类算法,简称 SkNNModel。通过分析 kNN 和 Rocchio 这两种基于相似性的算法在文本分类应用中的优缺点,SkN-NModel 算法以串行方式集成了 kNNModel 算法和 Rocchio 算法的优点,并在两种常用的文本数据集——20-newsgroup 数据集和依照 ModApte 法切分的 Reuters-21578 新闻数据集上进行验证,取得了较好的测试效果。

2.5.1 引言

文本分类的任务是将指定文本归入一个合适的类别,涉及的具体应用包括文本路由(document routing)、文本管理(document management)以及文本传播(document dissemination)等[52]。文本分类的传统做法是领域专家基于文本内容,在对每个输入文本进行分析后人为地归类。显然,这种做法需要耗费大量的人力资源。为了改进传统的文本分类过程,需要一种自动的分类方案,该方案的目标是构造能够对文本进行自动分类的模型。

目前,学者们已经提出许多能应用于文本的分类算法,例如:朴素贝叶斯算法[53],决策树算法[54],决策规则[55],回归模型[56],神经网络[57],k 近邻方法[56,10],支持向量机[58,59]以及 Rocchio 算法[60,61]等。Sebastiana[3]在其关于文本分类的研究中指出:在动态挖掘大规模网络数据等许多实际应用中,文本分类算法的计算代价通常是需要考虑的关键问题。

在这些分类算法之中,基于相似性度量的 kNN 算法和 Rocchio 算法的使用率比较高。kNN 算法使用整个训练样本集作为计算相似性的基础。对于一个给定的待分类文本 d_t,算法首先在训练样本集中搜索距离 d_t 最近的 k 个样本,这些样本构成了 d_t 的近邻集合。近邻集合内的样本使用最大投票策略来决定 d_t 的类别。值得注意的是,使用 kNN 算法需要选择一个合适的 k 值(近邻个数),而 k 值的选择对于算法的性能有着很大的影响。此外,kNN 算法是一种懒惰型的学习算法(即没有构建分类模型),因此几乎所有的计算都集中在分类阶段,这点限制了 kNN 算法在对分类效率要求较高的文本分类领域(例如动态挖掘大规模网络数据)中的应用。然而,kNN 算法很早就被运用于文本分类[3],也被认为是应用在路透社新闻报道数据集(一个常用的文本分类数据集)上最有效的算法之一。

Rocchio 算法在某种程度上解决了 kNN 算法存在的问题。在 Rocchio 算法最简单的形式中,算法综合考虑来自同一个类别所有样本的贡献度,使用泛化样本(属于同一个类别的所有样本各个特征上的平均权重构成了该类的一个泛化样本)取代整个训练样本集作为分类模型的基础。Rocchio 算法简单并且有效。算法将学习分类模型简化为求平均权重的过程,而分类新的样本只需要计算该样本与泛化样本的内积。从上述算法过程可以看出,Rocchio 算法同样是一种基于样本间相似性来分类的算法。通过综合属于每个类别的所有样本的贡献度,Rocchio 算法能够在一定程度上处理噪声。例如,如果某一特征主要出现在属于同一类别的样本中,那么在这一类别的泛化样本中,该特征对应的权重就比较大。同样的,如果某一特征基本上都出现在其他类别的训练样本中,那么在这一类别的泛化样本中该特征的权重就趋于 0。因此,Rocchio 算法能够过滤一些和某一类别无关的特征。然而,Rocchio 算法的一个缺点是将假设空间限制为线性可分超平面区域,使得算法的表述能力不如 kNN 算法。

Lam 等[52]提出的泛化样本集合算法(The generalized instance set algorithm)试图解决 kNN 算法以及其他线性分类算法存在的问题。与 Rocchio 算法等线性分类算法不同,泛化样本集合算法为训练样本集中的每个类别保留多于一个的泛化样本。但是,该算法还是存在一些问题,例如如何选取一个合适的 k 值以及确定用于构造泛化样本的正例样本的顺序,而算法的有效性和上述两点紧密相关。该算法的另一个缺点是在构造完一个泛化样本以后,算法需要删除训练样本集合中的前 k 个样本,这将直接影响下一个泛化样本的构造。上述问题潜在地使得泛化样本集合算法并不适用于实际应用。

综合考虑以上算法的优缺点,本节结合 kNN 算法和 Rocchio 算法(将在 2.5.2.2 节进一步介绍),介绍一种基于 kNN 模型的算法[49](简称 SkNNModel 算法)。该算法在 20-newsgroup 数据集和依照 ModApte 法切分的 Reuters-21578 新闻数据集上对 SkNNModel 算法的性能进行了评估,对比算法采用 kNN 算法和使用重复采样 t 次的 Rocchio 算法(Rocchio by means of the resample t test)。

本节将要介绍的内容按照以下顺序组织:2.5.2 节对文本分类系统的结构以及每个部分的功能进行说明。2.5.3 节详细介绍用于文本分类的 SkNNModel 算法。实验及分析将在 2.5.4 节进行介绍。2.5.5 节对本节进行了总结,同时阐述存在问题并列举值得进一步研究的方向。

2.5.2 文本分类系统结构

本小节将对文本分类系统的结构进行概述,并详细描述每一部分的功能。一个典型的文本分类系统通常包括三个主要部分:数据预处理部分,分类器构建部分以及分类样本部分。数据预处理部分将原始文本转换成一种紧凑的表示,接着将样本归一化以运用于训练、验证以及分类阶段。分类器构建部分是从训练样本集合中进行归纳学习,进而得到分类模型。分类样本部分则实现文本分类功能。以上三个部分使得文本分类系统能够实现自动分类文本的功能。

图 2-23 展示的是本节使用的文本分类系统的主要结构。虚线箭头表示分类过程中的数据流向,实线箭头表示构建分类器过程中的数据流向。文本预处理的过程、分类器构建算法以及如何对样本进行分类将在以下小节中进行进一步描述。

2.5.2.1 数据预处理

数据预处理部分是文本分类系统中的一个基本组成部分,主要由以下 6 个子部分构成:文档转换,移除虚词,词干提取,特征选择,字典构建以及特征加权。每一个部分的描述具体如下:

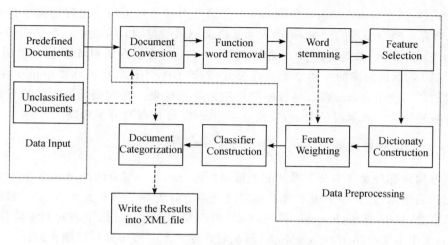

图 2-23　文本分类系统的典型结构

（1）文档转换：将不同格式的文档（XML、PDF、HTML、DOC 等）统一转换为纯文本格式。

（2）移除虚词：将冠词（a,an,the 等）、介词（in,of,at 等）、连词（and,or,not 等）等与主题无关的单词从文本中移除。

（3）词干提取：将单词后缀标准化（例如：labeling-label,introduction-introduce）。

（4）特征选择：通过移除无关或者近似无关的特征来达到限制数据空间维度的目的。在本节使用的系统中，采用信息熵作为选择的标准。

（5）字典构建：构造统一的字典。该字典用于将一篇经过上述处理后的文档转化为向量空间模型中的一个样本，向量的每个特征维度对应于字典中的一个单词。

（6）特征加权：将字典里的每一个单词赋予不同的权重。本节使用标准归一化词频（standard normalized term frequency）以及词频-逆向文档频率（term frequency-inverse document frequency，TF-IDF）作为加权函数。

其中，信息熵以及 TF-IDF 函数分别定义如下：

$$IG(t_k,c_i) = \sum_{c \in (c_i,\bar{c_i})} \sum_{t \in (t_k,\bar{t_k})} p(t,c) \cdot \log \frac{p(t,c)}{p(t) \cdot p(c)} \tag{2-23}$$

$$TF\text{-}IDF(t_k,d_i) = \#(t_k,d_i) \cdot \log \frac{|T_r|}{\#T_r(t_k)} \tag{2-24}$$

$$w_{ki} = \frac{TF\text{-}IDF(t_k,d_i)}{\sqrt{\sum_{k=1}^{|T|} (TF\text{-}IDF(t_k,d_i))^2}} \tag{2-25}$$

在公式(2-23)中，$p(t,c)$ 表示单词 t 在一个属于类别 c 的文档中出现的概率，$p(t)$ 表示单词 t 在所有文档中出现的概率，$p(c)$ 表示某篇文档属于类别 c 的概率。在公式(2-24)中，$\#(t_k,d_i)$ 表示单词 t_k 在文档 d_i 中出现的次数，$\#T_r(t_k)$ 表示在语料库中包含单词 t_k 的文档总数，$|T_r|$ 表示语料库的文档总数。在公式(2-25)中，Γ 表示在训练集中至少在一个文档中出现的词汇的集合，w_{ki} 表示经过标准化后的单词权重。在数据预处理的最后阶段，每篇文档将被转化为一种紧凑的表示，并且应用于训练、评价以及分类阶段。

2.5.2.2 分类器构建

分类器构建部分是文本分类系统的关键组成部分。这一部分的作用是通过对经过预处理后的文档的学习，建立一个用于对未知文档分类的分类器。本节的文本分类系统实现了三种分类算法：kNN 算法，Rocchio 算法以及 SkNNModel 算法。以下将对每种算法进行简单的介绍，关于本节介绍的 SkNNModel 算法将在第 2.5.3 节中进行详细介绍。

1. kNN 算法

kNN 算法是一种基于样本间相似性的分类算法，在文本分类等众多领域中取得了不错的分类效果[56,10]。给定一个以单词权重向量表示的测试文档 d_i 以及一种相似性度量，kNN 算法通过计算 d_i 与训练样本集合中其他文档的相似性，来寻找距 d_i 最近的 k 个训练样本。这些训练样本构成了 d_i 的近邻集合。近邻集合中的样本采用最大投票或者加权投票方式来决定 d_i 的类别。

2. Rocchio 算法

Rocchio 算法是一种线性分类器。给定训练样本集合 T_r，算法使用公式(2-26)直接计算每个类 c_i 的泛化样本 $V_{c_i} = (w_{1i}, w_{2i}, \cdots, w_{|\Gamma|i})$，其中 $i = 1, 2, \cdots, m, m$ 是训练样本集合中的类别数。

$$w_{ki} = \sum_{d_j \in T_{c_i}} \frac{w_{kj}}{\#T_{c_i}} - \delta \times \sum_{d_j \in T_{\overline{c_i}}} \frac{w_{kj}}{\#T_{\overline{c_i}}} \tag{2-26}$$

在公式(2-26)中，T_{c_i} 是 T_r 中属于类 c_i 的文档集合，$T_{\overline{c_i}}$ 是 T_r 中不属于类 c_i 的文档集合，$\#T_{c_i}$ 表示 T_{c_i} 中的样本个数。此外，δ 是一个控制参数，用于决定不属于类 c_i 的文档对类 c_i 的泛化样本的影响。如果 $\delta = 0$，那么 V_{c_i} 就是训练样本集合中所有属于类 c_i 的文档的中心点。给定一个指定测试样本 d_t，Rocchio 算法计算 d_t 与每一个泛化样本的内积，将与 d_t 分类为距离其最近的那个泛化样本的类别。

2.5.2.3 文本分类

文本分类部分直接使用分类器构建部分构造的分类模型来分类新的文档。值得注意的是，kNN 算法使用整个训练集作为分类模型。此外，所有的待分类样本都必须经过与用于训练模型的样本相同的预处理过程。

2.5.3　SkNNModel 算法

2.5.3.1　相关概念

kNN 算法是一种简单并且有效的文本分类算法。然而，标准的 kNN 算法是一种基于样本的学习方法，需要保存所有训练样本以用于分类阶段。这点限制了 kNN 算法在动态网页分类等许多实际领域中的应用。提高 kNN 算法效率的一种方法是利用所有训练样本中的一些代表点代替整个训练样本集作为分类模型的基础，即在训练样本集上构造推导模型并将该模型用于分类。这也是 SkNNModel 算法在保证分类精度的同时，提高 kNN 算法效率的出发点。另外，由于将学习分类模型简化为构造训练数据集中每个类别的泛化样本的过程，Rocchio 算法有着很高的分类效率。然而，Rocchio 算法一个显著的缺点是它只能对样本空间进行线性分割。图 2-24 就是一个例子。＋和 O 分别表示两类不同的样本，■代表来自＋类别的泛化样本。由于＋类的样本以分离簇的形式出现，因此该类样本的中心落在这些簇之外，进而导致 Rocchio 算法错分了绝大部分＋类样本。

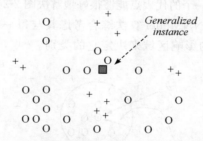

图 2-24　＋类样本的泛化样本（Rocchio 算法）

克服这个缺点的一个方法是为同一个类别构建多个代表点，代表点的数量依据给定训练数据集的数据分布来确定。图 2-25 表示的是 SkNNModel 算法为＋类样本所构建的分类模型。为了方便描述，本节图中使用的文本相似性没有采用更为普遍的向量内积以及基于余弦的相似性来度量，而是简单地使用欧氏距离。

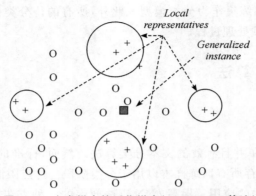

图 2-25　十类样本的泛化样本(SkNNModel 算法)

如果使用欧氏距离作为相似性度量,很明显,来自同一个类别的样本在许多局部区域内是密集的。以图 2-26 为例,$Num(d_i)$ 表示区域内样本的数目,$Sim(d_i)$ 表示距离区域中心 d_i 最远的样本到 d_i 的距离,那么以 d_i 作为代表点并保存 $Num(d_i)$ 和 $Sim(d_i)$,就能够很好地表示这个局部区域。SkNNModel 算法同时使用类似 d_i 的代表点和 Rocchio 算法构建的泛化样本来替代整个训练数据集。这样做的优点之一是能够更好地拟合每个类样本局部和整体的分布,从而提高分类精度;另一个优点是能够减少用于分类时使用的样本个数以达到提高分类效率的目的。此外,为来自同一个类的样本构造多于一个的代表点能够很好地解决图 2-24 中描述的分离簇的问题。

给定一个待分类样本,SkNNModel 算法综合考虑其与每一个泛化样本之间的距离以及它是否落在每一个代表样本的影响区域来决定它的类别。

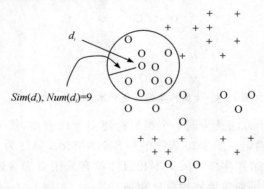

图 2-26　O 类样本的第一个代表点(SkNNModel 算法)

承上所述,在 SkNNModel 分类模型构建阶段,每一个样本 d_i 都建立一个覆盖尽可能多同类样本的邻域(neighborhood),这个邻域被称为局部邻域(local neighborhood)。如果把覆盖样本个数最多的局部邻域称为全局邻域(global neighborhood),那么可以将该全局邻域覆盖的所有样本用一个代表点来表示。算法重复以上步骤,直到所有样本都被至少一个代表点覆盖。SkNNModel 算法分类模型就是由这些代表点以及每个类别的泛化样本所构成。显然,SkNNModel 算法并不需要选择一个特殊的 k 值。被每一个代表点覆盖的样本数目就是一个合适的 k 值,该值自动地依据样本的局部分布生成,并且因代表点的不同而异。进一步地,算法依据构造的代表点集合以及每个类别的泛化样本作为分类模型,能够减少用于分类的样本数量,从而提高分类效率。此外,由于分类模型更好地拟合了样本的局部以及全局的真实分布,SkNNModel 算法也能够提高分类精度。最后,为每一个类别的样本构造超过一个的代表点解决了图 2-24 中出现的不相交簇的问题。

2.5.3.2 模型构建以及分类算法

设 D 为给定类别的 n 个训练样本集合 $\{d_1, d_2, \cdots, d_n\}$,其中有 m 个类别 $\{c_1, c_2, \cdots, c_m\}$。样本 $d_i \in D$,并且以特征向量形式 $<w_{1i}, w_{2i}, \cdots, w_{|\Gamma|i}>$ 表示,其中 w_{ki} 为第 k 个特征的权重,$|\Gamma|$ 为特征总数。通常,每一个特征表示经过移除虚词、词干提取、特征选择之后字典中出现的一个单词。SkNNModel 算法采用信息熵作为特征选择标准,文档频率倒数作为特征加权函数,余弦函数 Δ[63] 作为相似性度量。

$$\Delta(d_i, d_j) = \frac{\sum_{k=1}^{|\Gamma|} (w_{ki} \times w_{kj})}{\sqrt{\sum_{k=1}^{|\Gamma|} w_{ki}^2} \times \sqrt{\sum_{k=1}^{|\Gamma|} w_{kj}^2}}$$

模型构建的详细步骤如下。

算法 2-8　SkNNModel 模型构造算法

输　入:训练数据集

输　出:分类模型 M

Begin

1. 为给定训练样本集合构造相似性矩阵

2. 将所有样本设置为"未标记",集合 $M = \varnothing$

3. 找到每个"未标记"的样本的局部邻域

4. 在步骤 3 获得的所有局部邻域中寻找全局邻域,并以一个四元组 $(Cls(d_i), Sim(d_i), Num(d_i), Rep(d_i))$ 的形式保存到集合 M 中,称为一个代表点 N_i。将 N_i 覆盖的所有样本设置为"已标记"

5. 重复步骤(3)和步骤(4),直到训练集中的所有样本都被设置为"已标记"

6. 计算每个类别 C_i 的泛化样本 V_{ci},其中 $i = 1, 2, \cdots, m$,将 $(C_i, 0, n, V_{ci})$ 保存到 M 中

7. 分类模型 M 包括了上述学习阶段获得的所有代表点

End

在上述算法中,M 表示一个用于存储建立好的模型(即一系列代表点)的集合。$N_j = (Cls(d_j), Sim(d_j), Num(d_j), Rep(d_j))$ 表示一个代表点。其中 $Cls(d_j)$、$Sim(d_j)$、$Num(d_j)$、$Rep(d_j)$ 分别表示 d_j 的类别、N_j 覆盖的样本中与 d_j 相似性最低的相似值、N_j 覆盖的样本数目以及样本 d_j 本身。用 d_i 表示一个样本,如果 $Sim(d_j) \leqslant \Delta(d_i, d_j)$,那么就认为 d_i 被 N_j 覆盖。在步骤(4)中,如果一个以上的局部邻域覆盖了同样最多数目的样本,那么保存其中 $Sim(d_j)$ 最大的(即密度最大的区域)。在步骤(6)中,n 是训练样本个数。如果余弦相似性的最小值是 0,那么 $Sim(V_{c_i}) = 0, i = 1, 2, \cdots, m$。这样设置的目的在于允许训练集合中每个类别的整体分布对未知样本的分类有确定的影响。

分类过程的步骤具体描述如下。

算法 2-9　分类算法 SkNNModel

输　入:分类模型 M,待分类样本 d_t

输　出:d_t 的类别

Begin

1. 集合 $Cont(C_i) = 0, i = 1, 2, \cdots, m$

2. 对于每一个待分类样本 d_t,以如下方式计算其与分类模型 M 中每一个代表点的相似度:

   对于每一个代表点 $N_j = (Cls(d_j), Sim(d_j), Num(d_j), Rep(d_j))$,如果 $Sim(d_j) \leqslant \Delta(d_t, d_j)$,那么将 $Cont(Cls(d_j))$ 加上 $\Delta(d_t, d_j)$ 的影响(即 $Cont(Cls(d_j)) = Cont(Cls(d_j)) + \Delta(d_t, d_j)$)

3. 设 $Cont(c_x) = \max\{Cont(c_i) \mid i = 1, 2, \cdots, m\}$,将 d_t 分为 c_x 类

End

注意到上述步骤中,如果 $Sim(d_j) \leqslant \Delta(d_t, d_j)$,那么意味着样本 d_t 被代表点 N_j 覆盖。

在文本分类中,由于特征选择不当,文本拼写错误或者人工分类错误,训练样本中不可避免地会存在一些噪声[52]。为了进一步提高 SkNNModel 算法的分类精度,算法允许在模型构建中步骤(3)构造的局部邻域中存在 ε(称为错误容忍率)的异类样本,这些样本被与局部邻域中其他占绝大部分的样本有着不同的类别。这样做能够进一步提高 SkNNModel 算法的分类精度。实验结果将在下一小节中进行介绍。

2.5.4 实验结果与分析

2.5.4.1 实验环境

实验的目的是测试 SkNNModel 算法在文本分类中的有效性。实验采用 kNN 算法和 Rocchio 算法作为对比算法。以下实验结果均基于 10 折交叉验证,采用 F1-measure[3] 作为

评价标准。F1-measure 是查准率（$precision$）以及召回率（$recall$）的调和平均，采用以下方式定义：

$$\mathrm{F1}\,(recall,precison) = \frac{2 \times recall \times precison}{recall + precision} \tag{2-27}$$

在文本分类领域中，对于给定文档类别，查准率和召回率是两种被广泛使用的用于评价算法有效性的标准[3]。其中，

$$precision = \frac{true\,positive}{(true\,positive) + (false\,positive)} \times 100\% \tag{2-28}$$

$$recall = \frac{true\,positive}{(true\,positive) + (false\,negative)} \times 100\% \tag{2-29}$$

在上述定义中，对于给定类别 c，$true\,positive$ 表示测试样本中属于类 c 且被分类模型正确分类的样本数目，$false\,positive$ 表示测试样本中不属于类 c 但是被分类模型错分到类 c 的样本数目，$false\,negative$ 表示测试样本中属于类 c 但是被分类模型错分到其他类的样本数目。除了 F1-measure 以外，Macro-F1 也被用来评价不同算法在给定两个数据集上的过拟合程度。Macro-F1 是每个类别 F1-measure 指标的算术平均值。设给定训练数据集有 m 类，$F_1(i)$ 为第 i 类的 F1-measure 值，那么 Macro-F1 采用公式（2-30）计算：

$$\mathrm{Macro\text{-}F1} = \frac{\sum_{i=1}^{m} F1(i)}{m} \tag{2-30}$$

本节使用重复采样 t 检验（resampled t test）[62] 来评价两个不同模型分类效果之间的统计差异。检验基于 n 次实验的结果来比较两种分类模型的效果。在每次实验中，数据集被随机地分成训练数据集和测试数据集，同时记录算法 A 和算法 B 的错误率。设 $p_A^{(i)}$ 和 $p_B^{(i)}$ 分别为算法 A 和算法 B 在第 i 次实验中的错误率，那么将 $p_A^{(i)}$ 和 $p_B^{(i)}$ 作为以下 t 分布检验中的参数：

$$t = \frac{\bar{p}\sqrt{n}}{\sqrt{\dfrac{\sum_{i=1}^{n}(p^{(i)} - \bar{p})^2}{n-1}}} \tag{2-31}$$

其中 $p^{(i)} = p_A^{(i)} - p_B^{(i)}$，$\bar{p} = \dfrac{1}{n}\sum_{i=1}^{n} p^{(i)}$。统计学上的 t 分布有 $n-1$ 个自由度。如果进行了 10 次实验，那么两个算法的分类效果不存在显著性差异的备择假设是 $|t| > t_9 = 2.262$[64]。

2.5.4.2　实验数据集

实验使用两个被普遍用于文本分类的公共数据集来对算法效果进行评价：20-newsgroup 数据集和依照 ModApte 法切分的 Reuters-21578 新闻数据集。

1. Reuters-21578 新闻数据集

Reuters 数据集已经被使用于众多文本分类研究的实验中。该数据集是由卡内基团队 (Carnegie group)于 1987 年在路透社新闻专线上收集的,至少有 5 个该数据集的不同版本。本节实验使用 ModApte 法切分的 Reuters-21578 新闻数据集来评价算法有效性。该数据集可以从 http://www.daviddlewis.com/resources/testcollections/retuters21578 下载。实验选择其中 7 个最常用的类别作为训练和测试之用,每个类别包含 200 篇文档。这 7 个类别分别是:Acq,Corn,Crude,Earn,Interest,Ship 和 Trade。

2. 20-newsgroup 数据集

20-newsgroup 数据集是由来自 20 个不同新闻组的大约 20000 个新闻组文档构成。实验中使用 20-news-18828-version 作为评价之用。该数据集可以从 http://www.ai.mit.edu/~jrennie/20Newsgroup 下载。实验使用的 20-newsgroup 数据集删除了重复出现的文档,每篇文档只保留文本头部中的"From"和"Subject"。实验选取了该数据集的一个子集用于训练和测试。这个子集包含 20 个类别,每个类别包含 200 篇文档。

2.5.4.3 实验结果与分析

1. 实验 1

实验 1 的目的是为了测试不同算法在上述两个数据集上的 Macro-F1 值。每种算法的参数设置见表 2-16 所示,其中每个参数都设置为所有取值中使得算法取得最好效果的那个。每种算法在不同数据集上的 F1 值和 Macro-F1 值分别见表 2-17 和表 2-18 所示。实验中尝试每种算法参数的不同取值来确保实验结果反映了算法的真实性能。kNN 算法的 k 值以 5 的步长从 5 增加到 95,Rocchio 算法的 δ 值以 0.1 的步长从 0.1 增加到 1,SkNNModel 算法的 ε 值以 1 的步长从 0 增加到 9。

表 2-16　不同算法基本参数设置

Dataset	IG	kNN	Rocchio	SkNNModel
Reuters-21578	0.003	$k=45$	$\delta=0.5$	$\varepsilon=1$
20-newsgroup	0.006	$k=45$	$\delta=0.2$	$\varepsilon=4$

表 2-17　不同算法在 Reuters-21578 数据集上的分类效果(F1 值)

Category	kNN	Rocchio	SkNNModel
Interest	85.59	77.98	87.03
Ship	90.05	88.27	87.05
Trade	83.25	80.90	85.58
Acq	89.49	82.46	89.49
Corn	93.70	86.27	92.08
Crude	88.15	85.63	80.68
Earn	90.77	89.33	91.05
Macro-F1	88.71	84.40	87.56

表 2-18　不同算法在 20-newsgroup 数据集上的分类效果(F1 值)

Category	kNN	Rocchio	SkNNModel
Alt. atheism	89.60	79.74	91.19
Comp. graphics	67.69	60.06	68.20
Comp. os. ms-windows. misc	66.04	66.29	67.21
Comp. sys. ibm. pc. hardware	57.08	54.20	58.75
Comp. sys. mac. hardware	58.12	57.06	61.41
Comp. window. x	79.70	78.74	80.10
Misc. forsale	70.90	73.79	74.07
Rec. autos	75.65	76.31	77.97
Rec. motocyclse	88.22	89.24	89.92
Rec. sport. baseball	86.73	88.22	90.00
Rec. sport. hockey	90.07	92.77	92.73
Sci. crypt	88.73	87.86	90.91
Sci. electronics	72.38	64.93	74.87
Sci. med	88.34	89.22	90.54
Sci. space	83.45	84.89	88.06
Sci. religion. Christian	84.11	78.85	84.24

续表

Category	kNN	Rocchio	SkNNModel
Talk. politics. guns	89.60	84.43	88.28
Talk. politics. mideast	92.09	93.09	93.33
Talk. politics. misc	83.42	73.95	83.17
Talk. religion. misc	81.65	72.77	80.21
Macro-F1	79.68	77.17	81.26

在表 2-16 中,表头中的 IG 是 Information Gain(信息熵)的简写。在该列中的每一个值代表事先定义的用于不同数据集特征选择的信息熵的阈值。表 2-17 和表 2-18 中的实验结果表明 SkNNModel 算法的分类效果要好于 kNN 算法和 Rocchio 算法。三种算法结果详细的统计特征将在实验 3 中给出。

2. 实验 2

实验 2 的目的是在实验 1 各种算法分类模型的基础上,测试算法的分类效率。实验 2 采用和实验 1 中同样的参数设置。实验中使用两个数据集,第一个数据集包含 1400 条从 Reuters-21578 数据集中随机选出的样本,第二个数据集包含 4000 条从 20-newsgroup 数据集中随机选出的样本。实验结果见表 2-19 所示。表头中的 NOD 是 number of documents(样本数)的简写,该列中的每一个值表示测试中使用的样本数。其他列的数值表示不同算法处理样本所需的时间(s)。

表 2-19　不同算法分类效率比较

Dataset	NOD	kNN	Rocchio	SkNNModel
Reuters-21578	1400	66.7	19.2	26.7
20-newsgroup	4000	1136.2	206.9	213.0
Total	5400	1202.9	226.1	239.7

从表 2-19 中可以清楚地看到,由于仅保存了很少一部分代表点作为分类之用,SkNNModel 算法的效率明显高于 kNN 算法,并且和 Rocchio 算法具有可比性。因此,由于 kNN 算法在动态挖掘大规模网络数据等应用中分类效率低,SkNNModel 算法可以很好地在这些应用中取代 kNN 算法。

3. 实验 3

实验 3 的目的是测试任意两种不同算法之间的统计差异。实验基于每个数据集上 10

次测试的结果来比较任意两种分类算法的分类效果。在每次测试中,数据集被随机分成两个大小相等的子集,一个子集用于训练而另一个用于测试。两个数据集上每次测试的结果分别见表 2-20 和表 2-21 所示。采用重采样 t 测试衡量的两种算法结果的统计差异可以很容易地依据表 2-20 和表 2-21 的结果计算出来,具体见表 2-22 和表 2-23。

表 2-20　Reuters-21578 数据集子集上实验结果

i-th trial	SkNNModel	kNN	Rocchio
1	91.43	87.86	90.00
2	91.43	85.71	85.00
3	90.00	85.00	89.29
4	87.86	84.29	85.71
5	85.71	82.86	85.71
6	86.43	81.14	86.43
7	85.71	84.29	85.71
8	90.00	85.00	85.71
9	87.14	82.14	87.14
10	88.57	89.29	87.14

表 2-21　20-newsgroup 数据集子集上实验结果

i-th trial	SkNNModel	kNN	Rocchio
1	82.00	79.25	76.25
2	76.50	78.50	79.50
3	79.75	79.00	72.50
4	82.25	79.50	76.00
5	79.50	77.50	79.50
6	84.75	79.75	77.75
7	79.50	78.50	77.75
8	84.75	82.50	80.00
9	84.75	81.50	78.75
10	83.25	77.50	80.50

表 2-22　　Reuters-21578 数据集上重采样 t 测试

Classifier	kNN	Rocchio	SkNNModel
kNN	/		
Rocchio	2.65(+)	/	
SkNNModel	5.71(+)	2.41(+)	/

表 2-23　　20-newsgroup 数据集上重采样 t 测试

Classifier	kNN	Rocchio	SkNNModel
kNN	/		
Rocchio	1.66(−)	/	
SkNNModel	3.39(+)	3.58(+)	/

表 2-22 中的 5.71(+)表示在 Reuters-21578 数据集上,SkNNModel 算法分类效果优于 kNN 算法。也就是说,相关值$|t|=5.71>t_{9,0.975}=2.262$。表 2-23 中的 1.66(−)表示在 20-newsgroup 数据集上,由于相关值$|t|=1.66<t_{9,0.975}=2.262$,因此 Rocchio 算法和 kNN 算法分类效果并没有存在显著性差异。从表 2-22 和表 2-23 可以看出,从统计学的角度来看,SkNNModel 算法在 Reuters-21578 数据集和 20-newsgroup 数据集上的分类效果要优于 Rocchio 算法和 kNN 算法。

2.5.5 小结

本节首先介绍了两种基于相似性的文本分类算法:Rocchio 算法和 kNN 算法,并对每种算法进行分析并指出其优缺点。基于分析结果,介绍了一种结合以上两种算法优点的 SkNNModel 算法。在文本分类系统中实现了 Rocchio 算法、kNN 算法以及 SkNNModel 算法,并在 Reuters-21578 数据集和 20-newsgroup 数据集上对每种算法的性能进行了比较和分析。实验结果表明 SkNNModel 算法的性能要优于 Rocchio 算法和 kNN 算法,因此在某些应用中能够很好地取代以上两种算法。此外,SkNNModel 算法已经被集成到 ICONS 系统[65]中作为文本分类的关键方法。

可以继续探讨的研究方向包括研究如何将 SkNNModel 算法拓展到解决半监督聚类问题,即如何利用 SkNNModel 算法,使用大量没有类别的样本和少量带有类别的样本进行聚类。

2.6 部分模糊聚类的最近邻分类方法

【摘要】k 最近邻分类方法（kNN）是一种简单有效的数据分类方法。但 kNN 算法在分类阶段由于缺乏一个明确的分类模型而显得很低效，这是它的主要缺点之一。为改善传统的 kNN 算法，也已提出了基于模型的 kNN 分类方法。然而，这些模型的构建方法计算量太大。在本节中，通过设计一个基于聚类的训练算法来解决模型构建问题，使用这个算法可以获得一组逼近训练数据分布的、优化的代表。这种训练算法在部分训练集上采用模糊聚类方法，从而达到无监督式学习，相对于训练样本的数目具有线性的时间复杂度。在实际数据集上的实验结果证明：这种新方法在精确度方面明显优于先前开发的基于模型的 kNN 分类算法，且与 kNN 算法相比拥有更高的效率。

2.6.1 引言

数据分类是一种有监督学习技术，旨在学习带标号样本的基础上，分配无标号实例给已知的类。数据分类已经在许多领域被广泛研究，例如：文档分类[3]。尽管近来在机器学习和信息检索领域已提出众多分类方法，如决策树和支持向量机（SVM）[59]等，但由于其简单性和有效性，基于实例的分类方法[15,66]仍然被广泛使用。

作为一个基于实例的分类方法，k 最近邻分类方法（kNN）[49,66]受到来自不同群体的广泛关注。它使用训练实例作为计算新样本到预定义类别相似性的基础。对于一个待分类样本 x，kNN 检索它的 k 个最近邻组成一个 x 的邻域。x 的分类由其邻域中包含的训练实例的类别进行多数表决决定。然而，真正要应用 kNN 算法需要选择一个适当的 k 值，且分类的成功与否很大程度上依赖于这个值。此外，kNN 算法在对新样本进行分类时成本很高，这是因为 kNN 算法采用一种懒惰型的学习方法，在训练阶段不建立模型。这一点使它不能应用于许多领域，例如：数据量庞大的网络信息挖掘[15,49]。

文献[15,49]提出了一种基于模型的 kNN 算法，称为 kNNModel，从而克服了这些缺点。在 kNNModel[15]中，对于数据空间中的一块区域，一组训练数据的代表被提取出来作为这些数据的模型。这些代表之后被用来分类新样本，显然它们的数据量远小于全部训练数据的量。获得这种模型的方法与传统的 kNN 相似，但其中的 k 值是自动定义的。然而，kNNModel 的时间复杂度为 $O(N^2)$，这里 N 表示训练数据中样本的数目。另外，由于其简单的训练过程，产生的代表过于分散，对于多类别的大型数据集，kNNModel 的分类精度会因此受到影响。

本节介绍一个高效的基于模型的 kNN 算法，称为 e-kNNModel 模型[74]，用于对多类别的大型数据集进行分类。该算法通过引入一种无监督聚类算法来获得训练数据的优化代表组，从而提高了 kNNModel 的性能，e-kNNModel 的时间复杂度与训练集中的样本数目呈线性关系。

本节其余部分组织如下：2.6.2 节重点描述 kNNModel 和介绍 e-kNNModel 的动因；2.6.3 节介绍 e-kNNModel 的设计与实现；2.6.4 节给出实验结果；2.6.5 节对本节内容进行总结。

2.6.2 相关工作

给定一个训练数据集 $tr=\{z_1,z_2,\cdots,z_N\}$，其中 $z_i=(x_i,y_i)$，$i=1,2,\cdots,N$。$x_i\in R^d$ 是一个 d 维输入，y_i 是 x_i 的预定义类别标号，$y_i\in\{1,2,\cdots,K\}$，这里 K 表示训练数据集中类的数量。用 $c_k=\{x_i\mid(x_i,k)\in tr\}$ 表示 tr 的第 k 个类，其中，$k=1,2,\cdots,K$。第 k 个类样本的数目表示为 $|c_k|$。

kNNModel[15] 旨在通过学习获得一组代表，以代替原始训练数据集作为分类的基础。一个代表是数据空间中的一个局部区域，在这个空间区域中所有的数据点具有相同的类标签。形式地，第 l 个代表描述为 $p_l=(Cls(c_l),Sim(l),Num(l),c_l)$，其中 c_l 表示位于区域中心的数据点，$Cls(c_l)$ 表示 c_l 的类标签。因为该区域的所有数据点拥有相同的类标签，故这里 $Cls(c_l)$ 用来表示该区域的类别；$Sim(l)$ 表示该区域数据点与 c_l 的最低相似度；$Num(l)$ 是这个区域内数据点的数量。

图 2-27 给出了一个例子。图 2-27(a)展现了一个带有两种类(三角形，菱形)共 28 个数据点的训练数据集。在图 2-27(b)中，三角形类的 8 个数据点位于一个用圆形表示的局部区域里，这个局部区域就是一个类的代表。这个区域中除 c_i 以外的其他数据点都可以认为是 c_i 的近邻点。在训练阶段，kNNModel 试图通过尽可能多的邻居寻找一组代表。它的执行方式如下[15]：

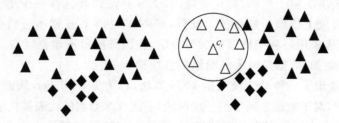

(a)涉及两个类的训练数据　　　(b)三角形类的一个代表

图 2-27　训练数据集的一个例子和 kNNModel 一个代表

(1)通过给定的训练数据集创建一个相似矩阵，并为所有数据点设置"未分组"标记；

(2)对于每个"未分组"的数据点，找出它的最大局部邻域，这个邻域要覆盖应尽可能多的同类邻近样本；

(3)在所有局部邻域中，拥有最多邻近点的数据点记为 c_l，以 c_l 为中心点创建一个代表 p_l 并为该代表覆盖的所有数据点设置"已分组"标记；

(4)重复步骤(2)和步骤(3)，直到训练数据集中的所有数据点被设置为"已分组"；

(5)输出模型 $M = \{p_1, p_2, \cdots, p_L\}$。

在上面的算法中，L 表示代表的数目，它依赖于所使用的训练数据集。显然，对于训练数据中的一个类，获得的模型 M 可能包含不止一个代表。在测试阶段，给定一个新数据点 x_t，首先计算 x_t 与 $c_1, c_2, \cdots, c_L$ 的相似度。在后面的小节中，用 $sim(x_t, c_l)$，$l = 1, 2, \cdots, L$，表示这些相似度。如果 $sim(x_t, c_l) \geqslant sim(l)$，则称代表 p_l 覆盖 x_t。kNNModel 根据以下规则对 x_t 进行分类[15]：

(1)如果 x_t 只被一个代表 p_l 覆盖，则将 x_t 分到 p_l 所在的类，即 $Cls(l)$；

(2)如果 x_t 被至少两个不同类的代表所覆盖，则将 x_t 分到 $Num(l)$ 最大的代表 p_l 所在的类。

(3)如果没有代表覆盖 x_t，则将 x_t 分到边界离 x_t 最近的代表所在的类。

kNNModel 继承了原 kNN 算法的优点，但效率高于原 kNN 算法，因为 kNNModel 构建了一组代表来表示训练数据集并作为分类的基础。此外，一个代表所覆盖的数据点数量是自动选择的，因此用户不需要为 kNNModel 指定 k 值，这使它使用起来比 kNN 更方便。然而，kNNModel 的训练算法在创建模型时时间花费较高，其时间复杂度是 $O(N^2)$。

直观地说，kNNModel 的分类精度依赖于代表的质量。在 kNNModel[15][49]中，一个代表的中心是一个物理点，这某种程度上增大了模型的复杂性。下面的例子说明了这一点。就图 2-28 中的训练数据而言，通过 kNNModel 可以得到三个代表，如图 2-28 左侧的图形所示，从中可以发现这三个代表所覆盖的区域明显偏离于真正的数据点分布。如果训练数据集涉及多个类（超过两个类），这种方法会产生许多破碎的代表，从而影响分类精度[69]。再检查同一个训练数据集的另一个模型，如图 2-28 的右侧图形所示，它由两个代表组成，但却比左边的模型更合适。在这里，代表所覆盖的数据点的平均值（因此它是一个虚拟点）用于定义中心。在图 2-28 中，虚拟点用 v_1 和 v_2 表示。可见，v_1 和 v_2 的引入使得代表能够更好地适应数据点的分布。

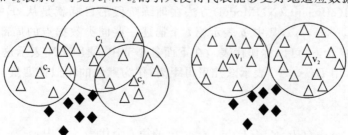

图 2-28　训练数据集中的两个不同的三角形类的模型

因此,需要开发一种新方法,通过一种高效的方式从训练数据集中学习一个优化的模型。为此,可使用著名的无监督学习方法——模糊 c 均值聚类(简称 FCM)[70]来实现这个目的。

FCM 以迭代方式从给定数据集中搜索得到一组优化的中心。设 $DB = \{x_1, x_2, \cdots\}$ 为一组包含 C 个聚类的数据点,每个聚类用中心点 v_l 表示,其中 $l = 1, 2, \cdots, C$,同时令 u_{li} 表示 x_i 相对于 v_l 的隶属度。FCM 算法如下所示。

算法 2-10　FCM 算法

Input:the dataset DB and the number of clusters C

Output:a set of centers $\{v_1, v_2, \cdots, v_C\}$, and the membership matrix $U = \{u_{li}\}_{C \times |DB|}$

Begin

 Initialize the centers;

 repeat

  Calculate $u_{li}(l = 1, 2, \cdots, C; i = 1, 2, \cdots, |DB|)$ by

$$u_{li} = \left(\sum_{s=1}^{C} \left(\frac{\| x_j - v_l \|}{\| x_i - v_s \|} \right)^{\frac{2}{m-1}} \right)^{-1}$$

  Calculate $v_l(l = 1, 2, \cdots, C)$ using

$$v_l = \sum_{I=1}^{|DB|} u_{li}^m x_i \Big/ \sum_{I=1}^{|DB|} u_{li}^m.$$

 until the matrix U is not changed;

End

在这个算法中,m 是一个用户定义的参数,称为模糊量(fuzzier),通常设置为 2。在接下来的内容中,将把 kNNModel[15] 和 FCM[70] 的思想结合在一起,构造一个高效的训练算法。

2.6.3 e-kNNModel 分类方法

e-kNNModel(efficient kNNModel)方法在训练阶段的目标就是从 tr 中得到一个优化模型 $M = \{p_1, p_2, \cdots\cdots, p_l\}$,其中 p_l 表示第 l 个描述一些同类数据点的局部区域(如果借用 kNNModel 中的概念,也可以称作代表),在下面各小节中,使用 LN_l 表示这些数据点。

为简单起见,用 $D(\cdot, \cdot)$ 表示欧几里得距离,作为默认的相似性度量。

2.6.3.1 基本定义

定义 2.6.1　$p_l = (Cls, Rad(l), v_l)$ 表示 tr 的第 l 个代表。其中:

v_l 代表 p_l 的中心点,其计算方法如下:

$$v_l = \frac{1}{|LN_l|} \sum_{x \in LN_l} x \tag{2-32}$$

Cls 代表 p_l 的类别；$Rad(l)$ 代表 p_l 的半径，其计算方法如下[69]：

$$Rad(l) = \begin{cases} D(V_l, NM_l) & \text{if } D(V_l, FH_l) > D(V_l, NM_l) \\ \dfrac{D(V_l, FH_l) + D(V_l, NM_l)}{2} & \text{otherwise} \end{cases} \tag{2-33}$$

其中 NM_l 和 FH_l 的定义同 MEC 算法（参见 2.4.3 节），即 NM_l 表示离 v_l 最近且具有与 Cls 相异类的样本，FH_l 表示 p_l 内离 v_l 最远的校本。直观地说，v_l 就是由 p_l 表示的所有数据点（向量）的平均向量。

半径 $Rad(i)$ 表示一个折中区域覆盖的范围，这个区域中所有的数据点属于同一个类 $p_l \cdot Cls$。由于 LN_l 中的数据可以任意分布，以 v_l 为中心、$Rad(i)$ 为半径的区域可能无法涵盖 LN_l 的所有数据。覆盖率由定义 2.6.2 来衡量。

定义 2.6.2　p_l 的覆盖定义为

$$CovR(p_l, LN_l) = \frac{|\{x \mid x \in LN_l \text{ and } D(x, v_l) \leqslant Rad(l)\}|}{|LN_l|}$$

$CovR$ 的值在 $[0,1]$ 中变动，可以用来衡量 p_l 的"质量"。从训练数据学习得到的分类模型 M 是 L 个代表的集合，其中每个代表都有一个尽可能接近于 1 的覆盖率。

2.6.3.2　算法

在前面的小节中已经定义了模型 M，它可以用在测试阶段对新数据点进行分类。给定一个新的数据点 x_t，先计算 x_t 到所有 L 个中心的距离。基于这些距离，可以找出那些唯一覆盖 x_t 的代表，并根据代表将 x_t 分配给相应的类；否则，则将 x_t 分配给离它最近的代表。注意，这个分类过程不同于原来的 kNNModel 算法。实际上，当 $L = K$ 时，即每个预定义类都只有一个代表，那么上述算法便退化为传统的基于质心的分类算法（CBC）[68]。根据这一观点，e-kNNModel 充分利用 CBC 和 kNNModel 的优势，可以被视为是 CBC 方法的泛化。

算法 2-11　分类算法的伪代码

Input：the classification model $M = \{p_1, p_2, \cdots, p_L\}$ and the sample x_t to be classified

Output：y_t, the class label of x_t

Begin

1. Obtain a subset of representatives by which x_t is covered, $S = \{p_l \mid dist(x_t, v_l) \leqslant Rad(l), l \in [1, L]\}$

2. If all the representatives of S have the same class label, output the class label

3. Otherwise, assign x_t to its most similar representative, i. e. , $y_t = (\text{argmn}_{pl} dist(x_t, v_l)) \cdot Cls$

End

上述分类算法如算法 2-11 所示。e-kNNModel 算法的时间复杂度是 $O(dL)$，与数据的维数和代表的数量呈线性关系，且与训练样本的数量无关。因此它比传统的 kNN 算法更高效。

算法 2-12 描述了 e-kNNModel 的训练过程，其目标是通过训练数据集学习得到一个优化模型 M。该算法首先创建 K 个初始代表，每个代表对应于一个预定义的类。然后，通过调用子程序 SplitRepresentative，将这些初始代表分成不同小组。

算法 2-12　训练算法的伪代码

Input：the training dataset tr

Output：the classification model M

Begin

1. Set $M=\{p_1,p_2,\cdots,p_K\}$, where $p_k=(k,Rad(k),v_k)$, $k=1,2,\cdots,K$ and $LN_k=c_k$

2. For $k=1,2,\cdots,K$, call $SplitRepresentative(p_k,LN_k)$ and obtain a new set of representatives $M(k)$;
   then, the model is updated, i. e., $M=M(k)\bigcup M\backslash\{p_k\}$

End

如算法 2-13 所述，SplitRepresentative 子程序的目的就是通过递归的方式将其局部邻域拆分为两部分，从而提高原先代表的覆盖率。在每次递归时，首先尝试将与所给代表对应的一组邻近点分裂成两个代表，然后，计算这两个候选代表的覆盖率，并将其与原先代表的覆盖率做比较。只有当覆盖率提高了，才真正执行分裂程序。

算法 2-13　子程序 SplitRepresentative

Input：the original representative p, and the set of local neighbors, LN, represented by p

Output：a set of new representatives

Begin

1. If $CovR(p,LN)=1$ return $\{p\}$

2. Otherwise, call FCM$(LN,2)$ to obtain two optimized centroids, denoted as $v_{(1)}$ and $v_{(2)}$, respectively;
   and divide LN into two corresponding partitions, say $LN(1)$ and $LN(2)$, by defuzzification

3. Create two candidate representatives, $p_{(q)}=(p.Cls,Rad_{(q)},v_{(q)})$ for $q=1,2$, where $Rad(q)$ is computed using Eq. (2-33)

4. If $CovR(p_{(1)},LN_{(1)})+CovR(p_{(2)},LN_{(2)})\leqslant CovR(p,LN)$, which indicates that the split do not improve the coverage rate, both $p_{(1)}$ and $p_{(2)}$ are abandoned, return $\{p\}$. Otherwise, return SplitRepresentative$(p_{(1)},LN_{(1)}\bigcup$ SplitRepresentative$(p_{(2)},LN_{(2)}))$

End

如算法 2-13 所示,用著名的 FCM 聚类算法[70],通过部分聚类在每次递归时将邻近点分成两个部分。给定 C(对于 SplitRepresentative,C≡2),FCM 在一次 EM 型算法过程中得到 C 个中心。采用 FCM,而不是前面工作中所用的 k-means 算法[69],是因为众所周知 k-means算法对初始条件很敏感,从而可能影响分类精度。如 Jain 等人[67] 所言,一个如 FCM 的模糊聚类算法通常在避免陷入局部极小值方面要比硬聚类算法做得更好。由于 FCM 得到的是数据的模糊划分,为了得到数据的硬划分还需要进行去模糊化处理。形式地,根据下列规则将每个数据点 x_i 划分到第 k 组:

$$k = \mathrm{argmax}_{l=1,2,\cdots,c} u_{li}$$

FCM 的时间复杂度是 $O(KNP)$,其中 P 表示算法执行的迭代次数。总的来说,算法 2-12 的时间复杂度是 $O(KNPL)$,这里 L 表示代表的最终数目,通常 $L \ll N$。原 kNNModel 算法的时间复杂度是 $O(N^2)$,其中 N 是训练样本的数量。可见,e-kNNModel 训练算法比它更高效。

2.6.4 实验评估

本小节将用一些广泛使用的数据集对 e-kNNModel 的性能进行评估,同时在相同的数据集上与 kNN 和 kNNModel 进行比较。

1. 数据集

实验使用 8 个数据集。表 2-24 列出了数据集的详细信息,包括 3 个 UCI 机器学习数据集,即 IRIS、Wisconsin Breast Cancer(WBC)和 Wine。使用这些 UCI 数据集的目的是检验 e-kNNModel 应用于相对简单数据集时的有效性。剩下的 5 个数据集摘自一些流行的文档语料库。第一个是 TanCorp 文库(http://www.searchforum.org.cn/tansongbo/corpus.htm)。分别从文库中的"人才"、"金融"和"科学技术"类别摘取文件,创建 3 个数据集,分别命名为"Talent"、"Finance"和"Science"。从 cluto 聚类工具包(http://www.users.cs.umn.edu/karypis/cluto~)中,得到了其他两个数据集,即 WAP 和 Classic。

所有的文档用向量空间模型(VSM)表示,其中每一个文档都是词空间的一个向量,且向量的每个元素表示文档中对应词的频率。再应用 MaxRelevance 特征选择算法[10]每个文档数据集的 500 个属性($d = 500$)。最后,将每个得到的文档向量变换成单位长度,从而降低文档长度差异的影响。这 5 个文档数据集包含高维度、重叠和不平衡的类,对这种类型数据的分类是一个重大挑战。

表 2-24　数据集说明

Dataset	K	d	N	Size of each class
IRIS	3	4	150	50：50：50
Wine	3	13	178	59：71：48
WBC	2	9	699	458：241
Talent	6	500	608	39：39：39：39：412：40
Finance	6	500	819	64：164：91：214：19：267
Science	4	500	1040	169：459：183：229
WAP	20	500	1560	168：130：341：18：15：196：76：33：54： 91：65：97：91：37：13：5：40：44：35：11
Classic	4	500	7094	1398：1033：3203：1460

2. 实验设置

通过与下面的算法进行比较来评估 e-kNNModel 算法的性能。

kNN：传统的 k 最近邻分类方法[66]。将参数 k 固定为 1，并记为 1-NN 来进行实验对比。同时也使用了 KNN，这里 K 是训练集中预定义的类数量，即对于这个算法来说，参数 k 是根据数据集的特点动态设置的。

kNNModel：采用文献[15]的 kNNModel 分类方法，其错误容忍度 r 限定为 0。

采用 F1-measure[3] 对不同分类算法的性能进行评估，并用 Micro-F1 和 Macro-F1（F1 的平均值）进行比较。在实验中，采用 5 折交叉验证。每次实验时，都先将数据集分成 5 个部分，然后，将其中 4 个部分用于训练，剩下的第 5 个部分用于测试。

3. 实验结果分析

每个算法对每个数据集均执行 10 次 5 折交叉验证分类，最后计算其平均分类精度，如表 2-25 所示。每个单元中的上下两个数字分别代表 Micro-F1 和 Macro-F1 的值，格式是平均值±1 个标准差。在表中，使用了显著性水平为 0.05 的配对 t 检验，与 kNN 相比每个数据集上的算法的更好和更坏的结果分别用符号★和。来标识。

从表中可以看出，e-kNNModel 模型能够达到较高的分类精度，尤其是对文档数据集的分类。UCI 数据集具有相对较低的维数和较小的数据量，在这三个 UCI 数据集上，e-kNNModel 得到的结果要好于 kNN，同时也略好于 1NN 和 kNNModel。kNNModel 的表现与 1NN 相似，然而，对文档数据集它表现得更差一些。另外，在对所有五个文档数据集的处理上，e-kNNModel 的表现要优于另外三个算法。例如，在包含 20 个不平衡类的 WAP 上，用

Macro-F1 来衡量，kNNModel 要优于 kNN 达 10%。注意，Macro-F1 强调分类算法对于稀有类别的分类性能，这是文本分类中最具挑战性的问题之一[3]。

　　e-kNNModel 的良好性能来自对 kNNModel 的实质性改进：第一，在训练阶段，e-kNNModel通过聚类算法进行优化，致力于得到一组优化的代表，从而提升代表的覆盖率。而 kNNModel 的代表仅能从物理样本中进行选择。第二，当用 e-kNNModel 对一个新的样本进行分类时，它继承了 kNNModel 和基于质心方法的优点（参见算法 2-11）。因此，当一个样本没有被任何代表所覆盖时，可以根据最近中心原则[7]对其进行分类，这种情况在复杂数据中经常出现，比如实验所用的 5 个文档数据集。

表 2-25　不同算法的分类精度对比

Dataset	e-kNNModel	kNNModel	1NN	kNN
IRIS	0.95±0.04	0.95±0.03	0.95±0.03	0.95±0.03
	0.95±0.04	0.95±0.03	0.95±0.04	0.95±0.03
WINE	0.96±0.03	0.05±0.04∘	0.95±0.03∘	0.96±0.03
	0.96±0.03	0.95±0.04∘	0.95±0.03∘	0.96±0.03
WBC	0.96±0.02	0.96±0.02	0.96±0.02	0.96±0.02
	0.96±0.02	0.95±0.02	0.95±0.02	0.95±0.02
Talent	0.89±0.03★	0.80±0.03∘	0.82±0.03∘	0.86±0.03
	0.81±0.05★	0.58±0.05∘	0.69±0.05∘	0.73±0.05
Finance	0.78±0.03★	0.66±0.04∘	0.71±0.03∘	0.75±0.04
	0.71±0.05★	0.57±0.04∘	0.59±0.04∘	0.63±0.05
Science	0.88±0.02★	0.80±0.03∘	0.80±0.03∘	0.82±0.03
	0.87±0.03★	0.78±0.04∘	0.78±0.04∘	0.80±0.03
WAP	0.80±0.03★	0.75±0.02∘	0.78±0.02∘	0.79±0.03
	0.68±0.04★	0.60±0.04★	0.64±0.03★	0.54±0.03
Classic	0.87±0.09★	0.70±0.04∘	0.72±0.01∘	0.77±0.01
	0.87±0.08★	0.71±0.03★	0.75±0.01★	0.67±0.01

注：与 kNN 相比，更好：★，更差：∘（使用显著性水平为 0.05 的配对 t 检验）。

　　从训练数据中得到的代表的数量是另一个影响算法性能的因素。表 2-26 显示对每个数据集采用不同分类算法进行分类时所得到的各自的代表数量。注意，作为一种懒惰型的分类算法,kNN 作用于整个训练集,因此所有的训练样本可以看成是通过 kNN 所获得的代表。

从表 2-26 中可见,与 kNNModel 相比,e-kNNModel 明显地减少了代表的数量。结合表 2-25,可以发现 e-kNNModel 能够通过较少的代表获得较高质量的结果。通过观察可以发现,代表的数量越多,分类算法预测风险就越大[69]。较少的代表也使得 e-kNNModel 有更高的效率。基本上,在对样本进行分类时,所有这三种算法的时间消耗与其代表的数量成正比。因此,由于 e-kNNModel 的训练算法得到的代表更少,在实际应用中它比另外两种算法更高效。

表 2-26　通过不同分类算法所获得的代表数量

Dataset	e-kNNModel	kNNModel	kNN
IRIS	11	11	120
Wine	10	24	142
WBC	25	92	559
Talent	8	126	486
Finance	8	273	655
Science	6	204	832
WAP	25	575	1248
Classic	6	1303	5672

2.6.5　小结

本节介绍了一种用于提高 kNNModel 算法性能的高效分类方法。新方法通过训练数据学习得到一个优化模型(一组代表),同时通过距离比较对新样本进行分类。新方法使用模糊聚类算法对训练样本进行部分聚类,学习得到这些代表。算法的时间复杂度相对于训练样本的数量呈线性关系,在获得代表的过程中能够尽可能地提高其覆盖率。实验结果表明,与 kNN 和 kNNModel 相比,这种新方法提高了数据的分类精度,同时计算量也低得多。未来的工作可以尝试寻求新的技术,从而完善该聚类算法,以提高它的健壮性。

参考文献

[1]D. Hand,H. Mannila,P. Smyth. *Principles of data mining*. The MIT Press. 2001.

[2]H. Wang. *Nearest neighbours without k : a classification formalism based on probability,technical report,Faculty of Informatics*. University of Ulster,N. Ireland,UK,2002.

［3］F. Sebastiani. *Machine learning in automated text categorization*. ACM Computing Surveys,2002,34(1):1～47.

［4］H. Wang,I. Duntsch,D. Bell. *Data reduction based on hyper relations*. Proceedings of KDD98. New York,1998,349～353.

［5］P. Hart. *The condensed nearest neighbour rule*. IEEE Transactions on Information Theory,1968,14:515～516.

［6］G. Gates. *The reduced nearest neighbour rule*. IEEE Transactions on Information Theory,1972,18:431～433.

［7］E. Alpaydin. *Voting over multiple condensed nearest neoghbors*. Artificial Intelligence Review,1997,11:115～132.

［8］M. Kubat,M. Jr. *voting nearest-neighbour subclassifiers*. Proceedings of the 17th International Conference on Machine Learning,2000,503～510.

［9］D. R. Wilson, T. R. Martinez. *Reduction techniques for exemplar-based learning algorithms*. Machine learning,2000,38-3:257～286.

［10］T. Mitchell. *Machine learning*. MIT Press and McGraw-Hill,1997.

［11］C. M. Bishop. *Neural networks for pattern recognition*. Oxford University Press,UK,1995.

［12］G. L. Ritter,H. B. Woodruff et al. *An algorithm for a selective nearest neighbor decision rule*. IEEE Transactions on Information Theory,1975,21(6):665～669.

［13］D. W. Aha. *Tolerating Noisy, Irrelevant and novel attributes in instance-based learning algorithms*. International Journal of Man-Machine Studies,1992,36:267～287.

［14］D. W. Aha et al. *Instance-based learning algorithms*. Machine Learning,1991,6:37～66.

［15］G. Guo,H. Wang,D. Bell,Y. Bi,K. Greer. *KNN model-based approach in classification*. Proceedings of the CoopIS/DOA/ODBASE,2003,986～996.

［16］C. Chang. *Finding prototypes for nearest neighbor classifiers*. IEEE Transactions on Computer,1974,23(11):1179～1184.

［17］R. A. Mollineda,F. J. Ferri,E. Visal. *A cluster-based merging strategy for nearest prototype classifiers*. Proceedings of the 15th ICPR. 2000,Vol. 2,759～762.

［18］R. A. Mollineda,F. J. Ferri,E. Visal. *An efficient prototype merging strategy for the condensed 1-NN rule through class-conditional hierarchical clustering*. Pattern Recognition,2002,35:2771～2782.

［19］C. Stanfill and D. Waltz. *Toward memory-based reasoning*. Communications of

ACM,1986,29:1213~1228.

[20]L. Friksson, E. Johansson, T. Lundstedt. *Regression and projection- based approaches in predictive toxicology*. Predictive Toxicology. Marcel Dekker, New York, 2004.

[21]S. Parsons and P. McBurney. *The use of expert systems for toxicology risk prediction*. Predictive Toxicology. Marcel Dekker,New York,2004.

[22]P. Mazzatorta,E. Benfenati,D. Neagu and G. Gini. *Tuning neural and fuzzy-neural networks for toxicity modelling*. Journal of Chemical Information and Computer Sciences,2002.

[23]M. V. Craciun, D. Neagu, C. A. Craciun and M. Smiesko. *A study of supervised and un-supervised machine learning methodologies for predictive toxicology*. Intelligent Systems in Medicine, H. N. Teodorescu(ed.),Performantica,Iasi,Romania,2004,61~69.

[24]J. B. MacQueen. *Some methods for classification and analysis of multivariate observations*. Proceedings of the 5th Berkeley Symposium on Mathematical Statistics and Probability,1967,1:281~297.

[25]J. C. Dunn. *A fuzzy relative of the ISODATA process and its use in detecting compact well-separated clusters*. Journal of Cybernetics,1973,3:32~57.

[26]J. C. Bezdek. *Pattern recognition with fuzzy objective function algorithms*. Plenum Press,New York,1981.

[27]J. M. Wang, H. Guo. *Application of an improved k-means algorithm in data mining*. Proceddings of the 11th International Conference on Industrial Engineering and Engineering Management,2005,416~419.

[28]J. C. Bezdek. *Fuzzy mathematics in pattern classification*. PhD Thesis, Applied Math. Center,Cornell University,Ithaca,1973.

[29]CJ. Li, VM. Becerra, JM. Deng. *Extension of fuzzy c-means algorithm*. Proceedings of the 2004 IEEE Conference on Cybernetics and Intelligent Systems,2004,405~409.

[30]S. Albayrak and F. Amasyali. *Fuzzy c-means clustering on medical diagnostic systems*. Proceedings of the 7th Turkish Symposium on Artificial Intelligence and Neural Networks(TAINN'03),2003.

[31]E. Fix and J. L. Hodges. *Discriminatory analysis,nonparametric discrimination: consistency properties*. Technical Report 4. USAF School of Aviation Medicine,Randolph Field,TX,1951.

[32]J. M. Keller, R. Gray, J. A. J. R. Givens. *A fuzzy k-nearest neighbor algorithm*.

IEEE Transactions on Systems,Man and Cybernet,1985,15(4):580~585.

[33]R. Bondugula,O. Duzlevski and D. Xu. *Profiles and fuzzy k-nearest neighbor algorithm for protein secondary structure prediction*. Proceedings of the 3th Asia Pacific Bioinformatics Conference,2005,17~21.

[34]EU FP5 Quality of Life DEMETRA QLTR-2001-00691:*Development of environmental modules for evaluation of toxicity of pesticide residues in agriculture*（http://www. demetra-tox. net）.

[35]CSL:*Development of artificial intelligence-based in-silico toxicity models for use in pesticide risk assessment.* 2004~2007.

[36]T. W. Schultz. *TETRATOX*:*Tetrahymena pyriformis population growth impairment endpoint-a surrogate for fish lethality.* Toxicological Methods,1997,7:289~309.

[37]I. H. Witten and E. Frank. *Data mining : practical machine learning tools with java implementations.* Morgan Kaufmann,San Francisco,2000.

[38]C. C. Chang and C. J. Lin. *LIBSVM-A library for support vector machines.* www. csie. ntu. edu. tw/ cjlin/libsvm/.

[39]B. Minasny, A. B. McBratney. *FuzME Version* 3. 0,*Australian centre for precision agriculture.* The University of Sydney,Asutralia. http://www. usyd. edu. au/su/agric/acpa,2002.

[40]G. W. Snedecor and W. G. Cochran. *Statistical methods.* Iowa State University Press,1989.

[41]J. Su,B. Shang,X. Xu. *Advances in machine learning based text categorization.* Journal of Software,2006,17(9):1848~1859.

[42]K. Crammer, R. Gilad-Bachrach, A. Navot, Tishby N. *Margin analysis of the LVQ algorithm.* Proceedings of the Conference on Neural Information Processing Systems,2002,462~469.

[43]E. Leopold, J. Kindermann. *Text categorization with support vector machines: how to represent texts in input space?* Machine Learning,2002,46(1—3):423~444.

[44]T. M. Cover,P. E. Hart. *Nearest neighbor pattern classification.* IEEE Transactions on Information Theory,1967,13(1):21~27.

[45]Q. Yang,X. Wu. 10 *Challenging problems in data mining research*. International Journal of Information Technology and Decision Making,2006,5(4):597~604.

[46]Z. Wang,Z. Hou,Y. Gao. *An improved KNN algorithm for boolean sequence.* Pattern Recognition and Artificial Intelligence,2009,22(2):330~336.

［47］K. Hechenbichler, K. Schliep. *Weighted k-nearest-neighbor techniques and ordinal classification*. 2004. 10. http://epub. ub. uni-muenchen. de/1769/1/paper_399. pdf.

［48］L. Chen, Y. Ye, Q. Jiang. *A new centroid-based classifier for text categorization*. Proceedings of the International Conference on Advanced Information Networking and Applications Workshops, 2008, 1217~1222.

［49］G. Guo, H. Wang, D. A. Bell, Y. Bi, G. Greer. *Using KNN model for automatic text categorization*. Soft Computing, 2006, 10(5):423~430.

［50］C. J. C. Burges. *A tutorial on support vector machines for pattern recognition*. Data Mining and Knowledge Discovery, 1998, 2(2):121~167.

［51］S. B. Kotsiantis, P. E. Pintelas. *Recent advances in clustering: a brief survey*. WSEAS Transactions on Information Science and Applications, 2004, 11(1):73~81.

［52］W. Lam, C. Ho. *Using a generalized instance set for automatic text categorization*. Proceedings of the SIGIR'98, 1998, 81~89.

［53］D. Lewis. *Naïve Bayes at forty: the independent assumption in information retrieval*. Proceedings of the ECML-98, 10th European conference on machine learning, 198, 4~15.

［54］W. Cohen, Y. Singer. *Context-sensitive learning methods for text categorization*. ACM Transcations on Infarmation Systems, 1999, 17(2):141~173.

［55］H. Li, K. Yamanishi. *Text classification using esc-based stochastic decision lists*. Proceedings of the CIKM-99, 1999, 122~130.

［56］Y. Yang, X. Liu. *A re-examination of text categorization methods*. Proceedings. of the SIGIR-99, 1999, 42~49.

［57］M. Ruiz, P. Srinivasan. *Hierarchical neutral networks for text categorization*. Proceedings of the SICIR-99, 1999, 281~282.

［58］T. Joachims. *Text categorization with support vector machine: learning with many relevant features*. Proceedings of the 10th European conference on machine learning, 1988, 137~142.

［59］T. Joachims. *A statistical learning model of text classification for support vector machine*. Proceedings of the SIGIR-01, 2001, 128~136.

［60］J. Rocchio. *Relevance feedback in information retrieval*. The SMART retrieval system: experiments in automatic document processing. Salton G(ed) Prentice- Hall, Englewood Cliffs, 1971.

［61］T. Joachims. *A probabilistic analysis of the rocchio algorithm with TFIDF for test categorization.* Proceedings of ICML-97, 14th international conference on machine learning,1997,143~151.

[62]T. Dietterich. *Approximate statistical tests for comparing supervised classification learning algorithms.* Neutral,1998,10(7):1895~1924.

[63]G. Salton. *Automatic text processing：the transformation,analysis,and retrieval of information by computer.* Addison-Vesley,Reading,1989.

[64]E. Han,G. Karypis. *Centroid-based document classification：analysis and experimental results,Technical Report：♯00-017.* University of Minnesota,Deportment of Computer Science / Army HPC Research Center,Minneapolis,MN 55455,2000.

[65] ICONS. *ICONS Consortium. intelligent content management system contract number IST-2001-32429.* Annex I-Description of work,2001

[66]T. Hastie, R. Tibshirani, and J. Friedman. *The elements of statistical learning：data mining,Inference,and Prediction,Second Edition.* Springer-Verlag,2001.

[67]A. K. Jain,M. N. Murty, and P. J. Flynn. *Data clustering：a Review.* ACM Computing Survey,1999,31(3):264~323.

[68]L. Chen,G. Guo and K. Wang. *Class-dependent projection based method for text categorization.* Pattern Recognition Letters,2011,32:1493~1501.

[69]陈黎飞,郭躬德. 最近邻分类的多代表点学习算法. 模式识别与人工智能,2011,24(6):882~888,.

[70]H. Sun,S. Wang,and Q. Jiang. *FCM-based model selection algorithms for determining the number of clusters.* Pattern Recognition,2004,37(10):2027~2037.

[71]H. Peng, F. Long, and C. Ding. *Feature selection based on mutual information：criteria of max-dependency,max-relevance,and min-redundancy.* IEEE Transacrtions on Pattern Analysis and Machine Intelligence,2005,27:1226~1238.

[72]XM. Huang,G. GUO,D. Neagu and T. Q. Huang. wkNNModel based data reduction and classification. Proceedings of ICNC2007,the 3rd International conference on Nature Computation,IEEE press.

[73]G. Guo,D. Neagu. Fuzzy kNNModel applied to predictive toxicology data mining. Journal of Computational Intelligence and Applications,Imperial college Press,2005,5(3):321~333.

[74]L. Chen,G. Guo and S. Wang. Nerrest neighbor classificationg by partilly fuzzy clustering. Proceedings of the AINA Workshops,2012,789~796.

第3章 近邻模型的增量学习方法及其应用

3.1 基于 kNN 模型的增量学习算法

【摘要】kNN 模型是 k-最近邻算法的一种改进版本,它有监督地在训练集上构建多个簇来代替整个训练集,并将得到的簇用于分类以提高分类的效率。但 kNN 模型属于非增量学习算法,从而限制了它在一些应用领域的推广。本节介绍一个基于 kNN 模型的增量学习算法,它通过对模型簇引进"层"的概念,对新增数据建立不同"层"的新模型簇的方式对原有模型进行优化,达到增量学习的效果,实验结果验证了该算法的有效性。

3.1.1 引言

传统的非增量学习算法对获得的训练样本进行一次性学习而获得模型。当有新的训练数据进入时,它需将新的数据加入到原有的训练集中,再对所有数据进行重新学习以建立模型。这种学习方法具有以下缺点:(1)在一些应用领域,数据分阶段地到来,很难一次性获得足够多的训练样本。而传统的非增量学习算法在每次有新的训练数据到达时,都需要重新学习以建立模型,需要消耗大量的时间;(2)在一些应用领域,由于数据规模巨大,即使能够一次性获得所有训练数据,也无法一次性将所有数据装入内存中,仍需分阶段处理这些训练数据[1]。

在一些应用领域,如网络入侵、股市分析、电力、银行等,数据每天都在增加,在这些数据上进行数据挖掘,如果每一次都要在所有数据上重新建模需花费大量的时间,显然是不现实的。由于有变化的只是新添加的数据,而且,新增加的数据和原来积累的数据相比要少得多,如果能做到只要研究新增加的数据并与已有的模型相结合就能得到与处理所有数据类似的结果,那么在效率上和效益上肯定都有很大的提高,这就是增量学习算法的思想。文献中存在大量的增量学习算法[2-6],其中:付长龙等[2]在模糊粗糙集的基础上进行增量学习,通过生成带有决定性因子和支持数的规则来解决噪声数据的问题;Xiang 等[3]通过聚类实现无监督的增量学习,并应用于异常行为检测领域;Xiao 等[4] 将增量学习的思想加入到直推式支持向量机算法中,并结合成对标注的方法只选择有用的样本进行训练,从而大大缩短了传统直推式支持向量机算法的训练时间。Liu 等[5] 将集成学习引入增量学习中,通过增加错分样本的权重来得到新的组合分类方法。而 Wang 等[6] 则在 kNN 的基础上提出了一种矢量量化的增量算法,并将其用于文本分类领域,可见增量学习已成为机器学习的热门研究领域。

kNN 模型算法(简记 kNNModel)[7-8] 是一种基于 k-最近邻原理的分类算法,它克服了传统 kNN 分类算法参数 k 难以确定以及分类新数据时间耗费大的两个缺陷。kNNModel 通过有监督地构建数据的多个 kNN 模型簇(以某个代表点为中心的一定区域范围内样本点的集合),以此代替原数据集作为分类的基础。而模型簇的数量由 kNNModel 算法根据数据集各类数据在多维数据空间的分布情况自动形成,从而减少了对参数 k 的依赖,并提高了分类的速度和正确率。然而 kNNModel 属于非增量的学习算法,一定程度上限制了它在一些应用领域上的推广。

针对 kNNModel 算法存在的问题,本节介绍了一种基于 kNNModel 的增量学习方法[20](简记 IkNNModel),它通过模型的自身调整和完善来学习和接纳新增数据,达到增量学习的效果。本节后续内容安排如下:3.1.2 简单介绍传统的 kNN 分类方法和 kNNModel 算法;3.1.3 提出新的基于 kNNModel 的增量学习算法;3.1.4 给出详细的实验环境与实验结果分析;最后,在 3.1.5 对本节进行了归纳和总结,并阐述下一步的研究方向。

3.1.2 相关工作

3.1.2.1 传统 kNN 算法

kNN 算法是一种简单而有效的分类算法。它的基本思想是:使用一种距离度量计算待分类样本与所有训练样本之间的距离,找到距离待分类样本最近的 k 个近邻;然后根据这 k 个近邻所属的类别进行多数投票来确定待分类样本的类别[7]。

然而传统的 kNN 算法存在两个缺陷:(1)参数 k 难以确定。参数 k 的选择,即每次要选择多少个最近邻来参与判断待分类样本的类别是影响 kNN 算法分类正确率的一个重要因素。(2)分类新样本的效率低。kNN 是一种懒散型的学习方法,它不事先建立模型,而是单纯地保存所有的训练样本留到分类新样本时计算。由于对每个新样本进行分类时,它都要计算新样本与所有训练样本之间的距离,这导致 kNN 算法在分类新样本时效率低下,并要占用大量的存储空间[7]。

3.1.2.2 kNNModel 算法

针对传统 kNN 算法的两个缺陷而改进的算法有很多,例如:Ye 等[9]将聚类方法与 kNN 相结合而产生的 CCA-S 算法,Brain[10]基于模糊粗糙集理论提出了一种新的 kNN 分类方法,Rosa[11]等则将遗传算法与 kNN-fuzzy[12]相结合,通过遗传算法来寻找最优的 k 值。其中,Guo[7-8]等人提出的 kNNModel 算法,较好地解决了传统的 kNN 算法存在的缺陷。

KNNModel 算法的基本思想是:给定一个相似性度量,以每个训练样本为圆心,向外扩展成一个区域,使这个区域覆盖最多的同类点,而不覆盖任何异类点。然后选择覆盖最多点的区域,以四元组$<Cls(d_i),Sim(d_i),Num(d_i),Rep(d_i)>$形式保存下来形成一个模型簇,其中 $Cls(d_i)$ 表示该区域中数据点的类别;$Sim(d_i)$ 表示该区域的半径,即最远点到圆心 d_i 的距离;$Num(d_i)$ 表示该区域覆盖点的数量;$Rep(d_i)$ 则为圆心 d_i 本身。算法重复迭代多次,直至所有的训练样本至少被一个模型簇所覆盖。这样,只需保存这些模型簇待到分类新数据的时候使用即可。可见,kNNModel 算法在训练样本上构建多个模型簇来代替整个训练样本集,并保存这些模型簇用于分类新数据。它不仅成功地约简了数据,提高了分类新数据的效率;同时,由于 kNNModel 构建的模型簇的大小和覆盖样本的数量是根据数据集各类数据在多维数据空间的分布情况自动形成,成功地解决了 k 值难以选择的问题。

3.1.3 基于 kNNModel 的增量学习算法

kNNModel 算法大大提高了 kNN 算法在处理大规模数据时的效率。然而,在许多应用领域,数据每天都在增加,传统的 kNNModel 算法仍需保存所有的数据以重新建立模型,耗时耗力,无法满足实际应用的需要。因此,本节介绍了一种基于 kNNModel 的增量学习算法,它通过已建模型的自身调整和完善来学习和接纳新增数据,达到增量学习的效果。

一般的增量学习算法是先用原始训练样本建立基础分类器模型,训练后,只保存训练好的模型,而将原始训练样本抛弃。每当有新的训练样本到达时,利用新的训练样本对模型进行更新,然后保存更新好的模型,而将新的训练样本抛弃。这样,在处理新数据时,不使用原始数据,只利用新数据对保存的模型进行更新,从而使得算法在时间和空间复杂度上都能够得到较好的控制。

kNNModel 建立的模型是以多个模型簇的形式保存下来,每个模型簇的格式为$<Cls(d_i)$,$Sim(d_i),Num(d_i),Rep(d_i)>$,因此,当新的训练样本到达时,如何利用新的训练样本对已有的模型簇进行更新、完善,以建立新的模型簇是本研究的重点。

3.1.3.1 增量的 kNNModel 算法的基本思路

当有新样本加入数据集的时候,新样本所包含的信息可能有以下三种情况:(1)被原有模型包含的信息;(2)尚未被原有模型包含的全新信息;(3)与原有模型相矛盾的信息。前两种情况的信息都比较好处理:原有模型中已含有的信息可以直接用来巩固原有的模型,全新信息则可以对原有的模型进行补充;而如何处理与原有模型相矛盾的样本,即如何处理错分样本,则是一个重要的问题。文献[13]中提出了 SVM 增量学习算法,通过控制决策函数的方法来处理错分样本,文献[1]中将推拉策略[14]引入增量学习中来处理错分样本,文献[6]中通过一种"分裂算法"来降低学习误差,文献[15]将遗传算法引入增量学习中,文献[16]中则提出了一种类内聚类的方法来避免重叠区域以处理错分样本。

当一个模型覆盖了过多的错分样本时,说明这个模型在某些区域是不够准确的。推拉策略通过推远错误类、拉近正确类的方法来对原有模型进行修正。本节介绍一种层的概念,不直接对原有模型进行修正,而通过建立新模型对原有模型进行优化,优化过程见图 3-1 所示。

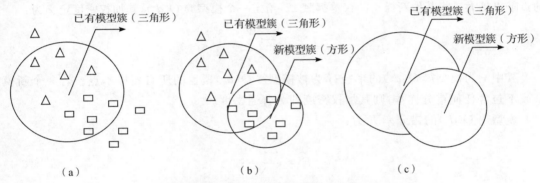

图 3-1　利用新增数据对 kNNModel 的修正

图 3-1(a)中属于三角形类的模型簇为已有的模型簇,而方形和三角形两类数据点为新训练样本点。可以看出,随着新增数据的到来,原有的模型簇中包含了过多的错分点,显然,原有模型簇在右下角的覆盖区域不够准确。而图 3-1(b)在新样本基础上构建的新的方形类的模型簇在交叉区域则更加准确。因此赋予新的方形类的模型簇比已有的三角形类的模型簇更高的层值,同时在预测时,当新样本同时被多个模型簇所覆盖,则选择层值最高的模型簇作为分类结果。这样就使得新模型簇能够覆盖旧模型簇的错分区域,因而原有模型能够通过"层值"得到不断的修正。修正后的模型如图 3-1(c)所示。

与传统 kNNModel 算法不同的是,增量的 kNNModel 算法,简记 IkNNModel,是以 $<Cls(d_i),Sim(d_i),Num(d_i),Rep(d_i),Lay(d_i)>$ 来保存模型簇(简记 $O(d_i)$),其中 $Lay(d_i)$ 表示模型簇 d_i 的层值。在原始数据集上建立的模型簇的层值均设为 0。在每次增量步中,若原有模型簇覆盖了一定量的错分样本,则层值保持不变,否则层值增一。这样在预测新数据时,若新数据被多个模型簇所覆盖,则选择层值最高的模型簇的分类结果。

新样本中被错分的样本有可能是噪声样本甚至错误样本,也可能是对修正原有模型起作用的样本。因此为每个新的错分样本引入权重,以区别可能的噪声点或者错误样本。

若一个新的错分样本 E_j 被一个模型簇 $O(d_i)$ 所覆盖,则定义新错分样本 E_j 在模型簇 $O(d_i)$ 中的权重 W_j^i 为:

$$W_j^i = d(d_i, E_j)/r \tag{3-1}$$

其中 r 为模型簇 $O(d_i)$ 的半径,$d(d_i, E_j)$ 表示 E_j 到模型簇 $O(d_i)$ 中心 d_i 的距离。

若 E_j 被多个类别相异的模型簇所覆盖,则 E_j 的权重为 W_j:

$$W_j = \prod_i W_j^i \tag{3-2}$$

显然,一个新错分样本的权重越小,越可能是噪声或者错误样本;而权重越大,对修正模型的贡献也越大。将其他新样本的权重都赋 1。给定一个模型簇 $O(d_i)$,其加权密度定义为:

$$W = \frac{\sum\limits_{j \in O} W_j}{r_i} \tag{3-3}$$

其中 r_i 为模型簇 $O(d_i)$ 的半径;j 为被模型簇 $O(d_i)$ 覆盖的所有新样本点。若一个新模型簇不包含任何错分样本,则其加权密度即为普通密度。

模型簇 $O(d_i)$ 的错分率 F 为:

$$F = \frac{\sum\limits_{p} W_i^p}{N_i} \tag{3-4}$$

其中 p 为所有被模型簇 $O(d_i)$ 覆盖的错分样本,N_i 表示被模型簇 $O(d_i)$ 覆盖的所有样本数量。

在每步的增量学习过程中,错分率过大,说明该模型簇在某些区域不够准确,因此层值不增加。这样通过新模型簇覆盖错分率过大的原有模型簇的错分区域来达到对原有模型簇进行修正的目的。在测试阶段,若数据被多个模型簇覆盖,则选择层值高的模型簇的类别。

3.1.3.2 IkNNModel 的算法实现

IkNNModel 算法实现的基本步骤如下:

1. 增量学习阶段的算法

算法 3-1　增量学习阶段的算法

输　入:n 个新的训练样本和建立在初始数据集上的 kNNModel 模型

输　出:IkNNModel 模型

Begin

1. 对于每条训练样本 d_t,用 kNNModel 模型对 d_t 进行分类

2. 若 d_t 分类正确则转到第 3 步,若 d_t 分类错误,则加入到错分样本集,并标记为"未覆盖"后转第 1 步,计算下一条样本

3. 若 d_t 被某个或几个同类别的模型簇所覆盖,则将这些模型簇的 $Num(d_i)$ 更新为 $Num(d_i)+1$,抛弃 d_t,转第 1 步,计算下一条样本;若 d_t 未被任何模型簇所覆盖则转第 4 步

4. 判断可否扩展某个与 d_t 同类别的模型簇,使得该模型簇覆盖 d_t 而不与任何异类的模型簇相交。若存在满足要求的模型簇,则将该模型簇 $Num(d_i)$ 更新为 $Num(d_i)+1$,$Sim(d_i)$ 更新为 $d(d_t,d_i)$,抛弃 d_t,转第 1 步,计算下一条样本;若不存在满足要求的模型簇,则转到第 5 步

5. 将 d_t 标记为"未覆盖"

重复第 1 步～第 5 步直到所有的新样本都被处理完

6. 计算所有错分样本的权值,计算每个原有模型簇的错分率,若错分率大于一个阈值,则 $Lay(d_i)$ 不变,否则将 $Lay(d_i)$ 更新为 $Lay(d_i)+1$

7. 以每个"未覆盖"的样本点为圆心,向外扩展成一个区域,使这个区域在其加权密度大于原有模型簇中的最小密度的情况下覆盖最多的同类点,不覆盖任何异类点

8. 选择覆盖最多点的区域,以 $<Cls(d_i),Sim(d_i),Num(d_i),Rep(d_i),Lay(d_i)>$ 的格式保存下来形成一个新模型簇。$Lay(d_i)$ 值为当前增量的步数。将被这个模型簇所覆盖的所有数据标记为"已覆盖"

9. 重复步骤,直到所有数据均为"已覆盖"

10. 抛弃 $Num(d_i)$ 过小的模型簇,将被这些模型簇覆盖的数据标记为"未覆盖"单独保存下来,以供下次增量学习使用

11. 抛弃所有"已覆盖"的新训练样本

12. 输出所有更新后的模型簇,即 IkNNModel 模型

End

---

2. 分类阶段的算法

算法 3-2　IkNNModel 分类阶段的算法

输　入:待分类数据

输　出:分类类别

Begin

1. 对于一条新的待分类数据 d_t,计算其与所有模型簇中心的距离

2. 若 d_t 只被一个或多个相同类别的模型簇所覆盖,则将其中任一模型簇的类别赋予 d_t

3. 若 d_t 被两个或以上不同类别的模型簇所覆盖,则将层值高的模型簇的类别赋予 d_t;若 d_t 被多个同样层值的模型簇所覆盖,则将覆盖点最多,即 $Num(d_i)$ 最大的模型簇的类别赋予 d_t

4. 若 d_t 未被任何模型簇所覆盖,则将边界距离 d_t 最近的那个模型簇的类别赋予 d_t

End

在增量学习阶段的第 10 步中，抛弃 $Num(d_i)$ 过小的模型簇，这是由于在传统的 kNNModel算法中，作者认为 $Num(d_i)$ 过小的模型簇缺乏代表性，因此将它们抛弃[7]。然而在增量算法中，并非一次性获得所有训练样本，所以无法肯定这些模型簇在多次增量后能否具有代表性。因此将被这些模型簇覆盖的训练样本保存下来，以供今后的增量中使用。

3.1.4 实验与结果分析

3.1.4.1 实验环境

为了验证 IkNNModel 算法的有效性，从 UCI 机器学习公共数据集[17]上选取了 10 个数据集：Iris、Glass、Australian、Liver、Hepatities、New breast-w、Diabetes、Vowel、Heart 和 Page-blocks 对 IkNNModel 进行测试。有关这些数据集的基本信息见表 3-1。

表 3-1　实验数据集的基本信息

Dataset	NA	NC	NN	NI	CD
Iris	4	0	4	150	50：50；50
Glass	9	0	9	214	70：76：17：13：9：29
Australian	14	8	6	690	383：307
Liver	6	0	6	345	145：200
Hepatities	19	13	6	155	32：123
New breast-w	9	0	9	699	458：241
Diabetes	8	0	8	768	500：268
Vowel	13	3	10	990	90：90：90：90：90： 90：90：90：90：90：90
Heart	13	6	7	270	152：14：104
Page-blocks	10	0	10	1095	949：87：12：38：9

在表 3-1 中，各列标题含义如下：NA 表示属性数目，NC 表示分类型属性数目(包括二值属性)，NN 表示数值型属性数目，NI 表示实例个数，CD 表示类分布。注：Page-blocks 数据是从 UCI 数据集 Page-blocks 中随机抽取 1095 个数据组成的数据集。

为了在相同的实验环境中进行比较，kNNModel、IkNNModel 算法已嵌入到开源软件 WEKA[18]中，感兴趣的读者可以从下列网址下载 kNNModel 和 IkNNModel 源代码：http://mcs.fjnu.edu.cn/datamining/download/IKNNModel.zip。

另外,实验采用的计算机配置如下:CPU,Pentium(R)D CPU 2.80GHZ;内存,504MB;操作系统,Windows XP;运行环境,JCreator Pro。实验中的所有数据均是在上述配置的计算机上运行取得。

为了更客观地评价分类器的性能,实验中采用 F1-Measure 来进行评价。F_β 指标的定义如下:

$$F_\beta = \frac{(\beta^2+1)\times p \times r}{\beta^2 \times p + r}$$ (3-5)

其中,p 是查准率,r 是召回率,β 是调整查准率和召回率在评价函数中所占比重的参数。通常 β 取 1,即 F1-Measure,这时评价函数变成了

$$F_1 = \frac{2 \times p \times r}{p + r}$$ (3-6)

微平均是对所有的类别计算一个 F1-Measure;宏平均是对每个类别计算一个 F1-Measure,再对求得的 F1-Measure 进行算术平均即得宏平均。微平均更多地受分类器对一些常见类分类效果的影响,而宏平均可以更多地反映对一些特殊类的分类效果。在对多种算法进行对比时,通常采用的是微平均算法。

3.1.4.2　分类器性能实验与比较

为了比较 IkNNModel 算法与 kNN 算法和 kNNModel 算法在分类性能上的差异,实验中,kNN 算法的 k 值取 1,kNNModel 算法的错误容忍度 r 取 0,增量算法中错分率阈值 f 均取 0.1,数据均经过标准化处理。对 kNN 和 kNNModel 算法,用 10 折交叉验证方法在选择的 10 个数据集上进行训练、测试,取它们的平均 F1-Measure 作为它们的输出;对 IkN-NModel 算法,也按 10 折交叉验证方法进行训练、测试,在每一循环,取 1/10 数据(简称 1 折,下同)作为测试集,剩下的 9 折作为训练集。实验中,分别取训练集 9 折中的 5 折(6 折,7 折,8 折)作为基本数据集建立 kNNModel,然后用剩下的 4 折(3 折,2 折,1 折)作为新增数据集对模型进行修改,完善产生 IkNNModel 模型,最后测试 IkNNModel 在测试集上的测试分类正确率。详细的试验结果见表 3-2。

表 3-2　IkNNModel 模型在公共数据集上的 10 折交叉验证的 F1-Measure

Dataset	kNN 5 折	kNNModel 5 折	kNN 9 折	kNNModel 9 折	IkNNModel			
					(5—4)	(6—3)	(7—2)	(8—1)
Iris	0.920	0.904	0.940	0.932	0.913	0.920	0.949	0.911
Glass	0.689	0.587	0.720	0.722	0.737	0.767	0.688	0.693
Australian	0.788	0.806	0.795	0.811	0.792	0.791	0.784	0.787

续表

Dataset	kNN 5折	kNNModel 5折	kNN 9折	kNNModel 9折	IkNNModel			
					(5－4)	(6－3)	(7－2)	(8－1)
Liver	0.660	0.680	0.668	0.706	0.730	0.703	0.695	0.687
Hepatities	0.859	0.885	0.876	0.885	0.885	0.885	0.885	0.885
New breast-w	0.939	0.957	0.931	0.959	0.955	0.957	0.942	0.941
Diabetes	0.557	0.606	0.556	0.599	0.590	0.608	0.572	0.609
Vowel	0.926	0.685	0.994	0.939	0.918	0.944	0.939	0.933
Heart	0.692	0.679	0.719	0.732	0.751	0.714	0.702	0.690
Page-blocks	0.802	0.788	0.872	0.838	0.802	0.859	0.852	0.785
平均	0.783	0.758	0.807	0.812	0.807	0.814	0.801	0.792

注:表 3-2 中所使用的符号 $i-j$,表示 10 折交叉验证 9 折训练集中,i 折用作建立 kNNModel 模型,j 折用作增量学习。而 kNN 和 kNNModel 则分别在 5 折和 9 折样本集上建立模型。

由表 3-2 可知,增量学习方法 IkNNModel 在 10 个公共数据集上的测试结果比 kNN 和 kNNModel 在 5 折训练集上建立的模型好,也就是说通过增量学习确实改进和优化了模型。另外,IkNNModel 可与 kNN 和 kNNModel 在 9 折训练集上建立的模型媲美,并在 Iris、Liver、Hepatities、Heart 和 Diabetes5 组数据上,取得了相对较高的分类性能。

3.1.4.3 建模和测试效率比较

为了比较 IkNNModel 算法与 kNNModel 算法在建模效率及测试效率上的差异,在与实验一相同的参数设置下,对 kNNModel 算法,用 10 折交叉验证方法测试在训练集上建立 kNNModel 模型所需要的平均时间;对 IkNNModel 算法,采用 5 折数据集作为基本数据集建立 kNNModel,然后用剩下的 4 折作为新增数据集对模型进行修改,完善产生 IkNNModel 模型所需要的时间。另外,由于 kNN 是懒惰型的学习方法,没有建模时间,所以实验主要比较其与 kNNModel、IkNNModel 在测试时间上的区别。表 3-3 中的每个值是对应算法在测试集上运行 1000 次的平均时间(建模时间/测试时间),建模时间单位为秒,测试时间单位为毫秒。

表 3-3　IkNNModel 与 kNN、kNNModel 建模效率及测试效率比较

Dataset	kNN	kNNModel	IkNNModel
Iris	0/16	0.047/0.047	0.017/0.047

续表

Dataset	kNN	kNNModel	IkNNModel
Glass	0/16	0.485/0.38	0.14/0.593
Australian	0/47	14.109/4.23	2.796/6.49
Liver	0/16	4.25/0.75	0.766/1.06
Hepatities	0/16	0.094/0.14	0.079/0.25
New breast-w	0/31	1.453/0.58	0.469/0.97
Diabetes	0/47	42.531/3.86	6.469/4.83
Vowel	0/109	57.5/13.27	19.5/19.8
Heart	0/16	0.781/0.61	0.172/1.05
Page-blocks	0/94	7.922/1.64	2.141/2.58

从建模效率的结果来看，kNNModel 即使在 5 折的数据集上建立模型，当有 4 折新增数据到来时，仍要在所有数据集上（9 折）重新建模，而 IkNNModel 利用 kNNModel 算法在少量的数据上建立的模型，然后对新增数据在已建立的模型上进行增量学习，在保证分类正确率的前提下可以大大提高分类效率，IkNNModel 即使把在 5 折上建立 kNNModel 模型的时间算在内，建立 IkNNModel 模型的时间也远小于 kNNModel 算法。

而测试效率的结果则表明：对相同数量的测试数据来说，kNN 的测试时间比 kNNModel、IkNNModel 要大得多，IkNNModel 由于通过新增数据的增量学习，调整和优化原 kNNModel 建立的模型，产生的模型簇较多，所以测试时间跟 kNNModel 相比要稍高些。

3.1.4.4 IkNNModel 算法与已有的增量学习算法的比较

由于 UCI 数据集的样本数量都较少，为了验证 IkNNModel 算法在实际较大规模数据领域中的应用，也在 KDD CUP99[19] 入侵检测数据上进行了实验。

实验中从 10% 训练子集"kddcup. data_10_percent_corrected"中随机抽取 5230 条记录，数据经过 WEKA 软件中[0,1]区间的标准化预处理。数据集中各类分布情况如下：Normal,1857；DOS,3069；U2R,52；R2L,115；Probe,137。然后将这 5230 条记录随机平均分为两份，一份作为测试集，一份作为训练集。

在实验中，选取了传统 kNNModel 算法、增量贝叶斯算法，以及一种基于推拉策略中心法的增量学习模型（ICCDP）[1] 作为对比算法，并将训练集随机平均分为 5 块，模拟 5 步的增量学习后，再对测试集进行预测。其中 ICCDP 算法的各项参数按照文献[1]设置如下：迭代次数 M 为 5，最小错误率 e 为 0.05，推远权与拉近权均为 1，算法在各类别上的检测率和总

分类正确率以及预测时间如下表(时间单位为毫秒)所示:

表 3-4   IkNNModel 模型在 KDD CUP99 数据集上的结果

	ICCDP	增量贝叶斯	IkNNModel	kNNModel
Normal 检测率	93.79	89.00	99.02	99.35
DOS 检测率	67.95	96.65	99.36	99.80
U2R 检测率	0.00	94.44	72.22	77.78
R2L 检测率	0.00	95.00	81.67	86.67
Probe 检测率	96.92	93.85	87.69	92.31
总正确率	75.72	93.84	98.36	99.01
训练时间	4172.00	94.00	8157.00	95250.00
测试时间	0.16	0.33	15.00	0.33

从表 3-4 中可以看出,IkNNModel 算法在总的分类正确率上要高于增量贝叶斯算法和 ICCP 算法,而略低于 kNNModel 算法,但其训练时间大大少于 kNNModel 算法。另外,IkNNModel 的测试时间较大,这是由于 IkNNModel 通过新增数据的增量学习,产生的模型簇较多。同时可以看出,IkNNModel 算法在不平衡数据上的检测率还不够理想,这将是下一步研究的重点。

3.1.5 小结

本节针对 kNNModel 存在的问题,介绍了一个基于 kNNModel 的增量学习算法,它通过对模型簇引进"层"的概念,对新增数据建立不同"层"的新模型簇的方式对原有模型进行优化,达到增量学习的效果,在 UCI 机器学习公共数据集和 KDD CUP99 数据集上的实验结果表明,IkNNModel 是一个简单、高效,又很有发展潜力的增量学习方法。

3.2 增量 kNN 模型的修剪策略研究

【摘要】kNN 模型是 k-最近邻算法的一种改进版本,IkNNModel 算法实现了基于 kNNModel 的增量学习。然而随着增量步数的增加,IkNNModel 算法生成模型簇的数量也在不断地增加,从而导致模型过于复杂,也增大了预测的时间花销。本节介绍一种新颖的模型簇修剪策略,在增量学习过程中通过有效合并和删除多余的模型簇,在保证分类正确率的同时降低了模型簇的数量,从而缩短了算法的预测时间。在一些公共数据集上的实验结果验证了本方法的有效性。

3.2.1 引言

kNN 模型算法(简记 kNNModel)是 Guo 等[7]提出的一种改进的 kNN 算法。它克服了传统 kNN 分类算法参数 k 难以确定以及分类新数据时间耗费大的两个缺陷。kNNModel 通过有监督地构建数据的多个 kNN 模型簇(以某个代表点为中心的一定区域范围内样本点的集合),以此代替原始数据集作为分类的基础。

传统的 kNNModel 算法是静态的学习算法,IkNNModel 算法[20]则是基于 kNNModel 的增量学习算法。IkNNModel 算法通过对模型簇引进"层"的概念,达到增量学习的效果,使得 kNNModel 算法能够适用于一些数据每天都在增加的应用领域,如网络入侵、股市分析、电力、银行等。然而,随着增量步数的增加,算法生成模型簇的数量也会同时增加,从而严重地影响了预测时间。而在这些实际应用领域中,增量步数可以看成是无限大的,因此,如何控制模型簇的数量成了亟须解决的问题。

文献中存在着大量的修剪算法:其中对 SVM[21]、决策树[22,23,24]等经典的静态算法进行修剪的目的在于降低模型的复杂度,提高算法的泛化能力。在增量算法中也存在着一些修剪策略:例如,Wang 等[25]通过对单分类器进行修剪,使其能适应增量过程中数据发生的概念变化。HoeffdingTree[26]中则通过修剪使算法能更好地处理噪声数据。本节介绍了一种在增量过程中对模型簇进行修剪的策略[62],通过合并和删除冗余的模型簇在保证分类正确率的同时降低了模型簇的数量,从而缩短了算法的预测时间。

本节其他内容安排如下:第 3.2.2 节简单介绍传统的 kNN 分类方法以及 kNNModel 算法和 IkNNModel 算法;第 3.2.3 节介绍一种 IkNNModel 的修剪策略;3.2.4 节给出详细的实验环境与实验结果分析;最后,在 3.2.5 节进行了归纳和总结。

3.2.2 相关工作

3.2.2.1 kNN 算法

kNN 算法是一种简单而有效的分类算法。它的基本思想是:使用一种距离度量计算待分类样本与所有训练样本之间的距离,找到距离待分类样本最近的 k 个近邻;然后根据这 k 个近邻所属的类别进行多数投票来确定待分类样本的类别[7]。然而,传统的 kNN 算法存在两个缺陷:(1)参数 k 难以确定。参数 k 的选择,即每次要选择多少个最近邻来参与判断待分类样本的类别是影响 kNN 算法分类正确率的一个重要因素。(2)分类效率低。kNN 是一种懒散型的学习算法,对每个新样本的分类,都要计算新样本与所有训练样本之间的距离,这导致 kNN 算法在分类新样本时效率低下[7]。

3.2.2.2 kNNModel 算法

kNN 模型算法(简记 kNNModel)是 Guo 等[7]提出的一种改进的 kNN 算法,它改进了传统 kNN 分类算法前述的两个缺陷。kNNModel 在数据集上构建多个 kNN 模型簇,以此代替原数据集作为分类的基础,由于产生的模型簇的数量远远小于训练集中的样本个数,因此提高了分类的效率;而每个模型簇的大小由 kNNModel 算法根据数据集的分布情况自动形成,从而减少了对参数 k 的依赖,并在一定程度上提高了分类的正确率。

3.2.2.3 IkNNModel 算法

IkNNModel 是基于 kNNModel 的增量学习方法,它通过对 kNNModel 产生的模型簇引进"层"的概念,对新增数据建立不同"层"的新模型簇的方式对原有模型进行优化,达到增量学习的效果[20]。

当一个模型簇覆盖了过多的错分样本时,说明这个模型簇在某些区域是不够准确的。因此 IkNNModel 提出了一种层的概念,在新训练数据上建立新模型簇,并通过用高层的模型簇覆盖低层模型簇的方法,对原有模型进行优化,见图 3-2 所示。

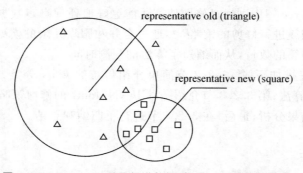

图 3-2　IkNNModel 利用新增数据对 kNNModel 模型的修正

图 3-2 中有方形和三角形两类新样本点,原有的模型簇 old 中包含了过多的错分点,显然在边界处不够准确。而在新样本基础上构建的新模型簇 new 在交叉区域则更加准确。因此赋予新模型簇更高的层值,使其能覆盖旧模型簇的错分区域,这样就使得原有模型能够通过增量学习不断地得到修正。

3.2.3 增量 IkNNModel 的修剪策略

在 IkNNModel 增量算法中,由于训练样本不是一次性到达,算法在不同层次建立了多个模型簇。在多个增量步后,IkNNModel 算法建立的模型簇数量将比用 kNNModel 算法直接在整个训练集上建立的模型簇数量来得多。而在金融、入侵检测等实际应用领域中,增量的步数可以看成是无穷大的。这样,随着增量步数的不断增加,过多的模型簇将对预测时间产生严重的影响,而并非所有的模型簇都对预测样本产生正面的作用。因此,在 IkNNModel 算法中对模型簇进行修剪是很有必要的。

文献中存在着大量的修剪算法:其中对决策树进行修剪的算法中[27],通过删除一些冗余的结点,以降低决策树的复杂度,并提高泛化能力,避免"过拟合"。在一些增量算法中也存在着修剪,Wang 提出的算法[25]在增量过程中删除预测正确率太低的单分类器,以提高算法的时间效率。而尹志武等[28]提出的一种多分类器融合增量算法中,则通过删除那些"生存期"过长的单分类器使得算法能够适应"局部的数据漂移"。

鉴于此,本节介绍的算法通过合并和删除两种方法对 IkNNModel 算法进行修剪。

其中,通过合并的修剪方法,将同层中同类模型簇合并成一个新的模型簇,并用这个新的模型簇取代原有的同类模型簇。这样,在减少了模型簇的数量的同时提高了算法的泛化能力。

另外,利用删除的修剪方法删除掉多余的模型簇。有些模型簇因为发生了概念漂移而无法正确反映当前的数据分布情况,有些模型簇由于被其他高层异类的模型簇所覆盖,而在预测新样本时不起作用。这些模型簇的存在对预测样本无法起到正面的作用,因此,需要删除这些模型簇。这样,在减少模型簇数量的同时,算法能够更加适应增量过程中数据的概念变化[29]。

3.2.3.1 IkNNModel 修剪方法

1. 模型簇的合并操作

图 3-3 中模型簇 1 和 2 的类别相同、层值相同,若模型簇 new 中不包含其他类别的数据点,则可用模型簇 $new<Cls(d_{new}),Sim(d_{new}),Num(d_{new}),Rep(d_{new}),Lay(d_{new})>$代替模型簇 1 和 2。

图 3-4 中新模型簇的类别 $Cls(d_{new})$ 为:

$$Cls(d_{new})=Cls(d_1)=Cls(d_2) \qquad (3-7)$$

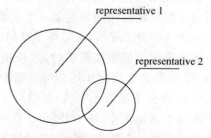

图 3-3 实验产生的两个模型簇 1 和 2

半径 $Sim(d_{new})$ 为：

$$Sim(d_{new}) = \frac{Sim(d_1) + Sim(d_2) + d(d_1, d_2)}{2} \tag{3-8}$$

覆盖样本数 $Num(d_{new})$ 为：

$$Num(d_{new}) = Num(d_1) + Num(d_2) \tag{3-9}$$

新的中心点为 $d_{new} = (val_1, val_2, \cdots, val_m)$，其中第 i 个属性值 val_i 为：

$$val_i = val_{1i} + (val_{2i} - val_{1i}) * \frac{Sim(d_{new}) - Sim(d_1)}{d(d_1, d_2)} \tag{3-10}$$

其中 val_{1i} 和 val_{2i} 分别表示模型簇 1、2 中心点的第 i 个属性值，$d(d_1, d_2)$ 表示 d_1、d_2 之间的距离。

新的层值 $Lay(d_{new})$ 为：

$$Lay(d_{new}) = Lay(d_1) = Lay(d_2) \tag{3-11}$$

其中 $<Cls(d_1), Sim(d_1), Num(d_1), Rep(d_1), Lay(d_1)> < Cls(d_2), Sim(d_2), Num(d_2), Rep(d_2), Lay(d_2)>$ 分别表示模型簇 1、2。

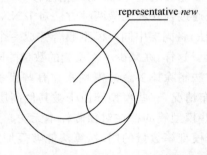

representative *new*

图 3-4　覆盖模型簇 1 和 2 的新模型簇 *new*

3.2.3.2 模型簇的删除操作

根据文献[20]中预测阶段的叙述，可以认为在预测新数据样本时，对一个新数据样本的类别真正起决定作用的只是某一个模型簇。

如图 3-5 例子所示，假设模型簇 A 的层值大于模型簇 B 的层值。由于在预测阶段，当一个样本被多个模型簇覆盖时，选择层值高的模型簇的类别[20]。因此，实际上对新数据样本 $t1$、$t2$ 的类别起决定作用的都是模型簇 A。图 3-5 中 $t2$ 虽然同时被模型簇 A、B 所覆盖，但模型簇 B 由于层值小于 A，所以对于 $t2$ 类别的预测是不起作用的。

在每次增量步中，IkNNModel 算法先对新的一批训练样本进行预测。假设在预测过程中模型簇 i 对 n 个被正确分类的新样本类别起决定作用，则模型簇 i 的有效值为 n；而当模

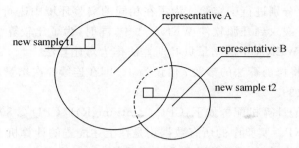

图 3-5　实验产生的两个模型簇 *A* 和 *B*

型簇 i 对错误分类的新样本起到决定作用时，则不增加其有效值。当某个模型簇在一段时间内（或者说 k 次增量步中）的有效值都为 0，那么认为这种模型簇已经失效了。如果一个模型簇是无效的，说明这个模型簇或者由于发生了概念漂移，或者由于被其他高层的模型簇所覆盖，而在预测中无法起到作用。这些模型簇的存在对预测新样本没有正面的作用，反而增加了预测时间，因此，需要将这样的模型簇删除。

3.2.3.3　带修剪的 IkNNModel 算法实现

算法 3-3　带修剪的 IkNNModel 算法在学习阶段的算法

输　入：n 个新的训练样本和已有的 IkNNModel 模型，参数 t

输　出：修剪后的 IkNNModel 模型

Begin

1. 用已有的 IkNNModel 模型对每个新训练样本进行分类，并计算每个模型簇的有效值

2. 利用 IkNNModel 算法对已有模型进行更新[20]

3. 删除在连续 t 次增量步中有效值都为 0 的模型簇

4. 遍历所有模型簇，若存在能够合并的模型簇，则通过公式（3-7）～公式（3-11）对模型簇进行合并

5. 输出更新后的模型簇

End

其中，参数 t 类似于文献[28]中的生存期，t 值越小，算法对过去样本的"遗忘"率则越高[25]。Step1 中，由于在新样本到达时，IkNNModel 算法都要先对其进行分类，然后对正确分类和错分两种情况分别做处理[20]，因此可以在分类时计算每个模型簇的有效值。

3.2.4　实验与结果分析

为了验证算法的有效性，在 UCI[17]公共数据集、KDD CUP'99[19]入侵检测数据集以及

移动超平面数据集上分别进行了实验。为了在相同的实验环境中进行比较,IkNNModel 算法及其修剪算法都已嵌入到开源软件 WEKA[18]中,同时,为了比较算法与已有的经典增量学习算法,还选取了 WEKA 中的增量贝叶斯算法作为对比算法。

在参数设置上,将修剪算法的参数 t 值设为 3。即在连续 3 次增量步中对预测不起作用的模型簇当成是无效的。

另外,实验采用的计算机配置如下:CPU,Pentium(R)D CPU 2.80GHZ;内存,504MB;操作系统,WindowsXP。实验中的所有数据均是在上述配置的计算机上运行取得的。

[实验一]从 UCI 机器学习公共数据集上选取了 15 个数据集:Solar-flare、Iris、Vote、Ionosphere、Breast-cancer、Hepatitis、Liver、Glass、Zoo、New breast-w、Diabetes、Credit-g、Echocardiogram、Heart 和 Tic-tac-toe 对 IkNNModel 进行测试。数据均经过 WEKA 软件中[0,1]区间的标准化处理。

用 10 折交叉验证方法在选择的 15 个数据集上进行训练、测试,取它们的平均分类正确率作为它们的输出。实验中,为了模拟增量过程,将每次 9 折的训练数据平均分成 6 块,进行 6 步的模拟增量训练后再测试其模型在测试集上的分类正确率。在预测效率的测试中,取各增量算法对测试集进行预测的十次平均时间。预测时间单位为毫秒(ms)。分类正确率和预测效率结果如下表:

表 3-5 带修剪 IkNNModel 算法在公共数据集上的效果

数据集	带修剪的 IkNNModel	IkNNModel	增量贝叶斯
Vote	91.95/0.97	91.95/2.17	90.11/0.26
Breast-cancer	70.28/0.32	70.28/1.10	73.43/0.31
Credit-g	68.9/16.09	68.0/32.82	74.70/2.34
Diabetes	73.83/3.44	72.14/5.00	75.13/1.41
Solar-flare	85.89/0.16	85.59/0.31	81.98/0.47
Hepatities	79.35/0.31	79.35/0.47	83.23/0.47
New breast-w	96.85/0.31	96.14/0.47	96.28/1.71
Iris	92.67/0.03	91.33/0.03	94.00/0.25
Liver	61.16/0.16	60.58/0.31	54.78/0.63
Glass	64.49/0.30	65.89/0.44	49.32/1.53
Zoo	94.06/0.16	92.08/0.27	95.05/0.34
Echocardiogram	66.22/0.15	67.57/0.16	72.97/0.47
Tic-tac-toe	68.68/0.31	70.88/0.32	69.52/0.47

续表

数据集	带修剪的 IkNNModel	IkNNModel	增量贝叶斯
Ionosphere	89.74/1.40	91.16/3.28	81.77/2.81
Heart	75.93/0.78	75.19/0.94	84.81/0.78
Average	78.67/1.66	78.54/3.21	78.47/0.95

从表 3-5 中可以看出，修剪后的 IkNNModel 在分类的总体性能上比传统 IkNNModel 算法稍好，并在 New breast-w、Liver、solar-flare 等数据集上取得了相对较高的分类正确率；同样，在预测效率上，带修剪 IkNNModel 算法由于生成的模型簇数量大大小于传统 IkNNModel 算法，因此在时间效率上要优于传统的 IkNNModel 算法。另外，修剪后的 IkNNModel 模型在分类性能上与经典的增量学习算法——增量 NaiveBayes 方法具有可比性。

然而，从实验结果可知，修剪后的 IkNNModel 模型同 IkNNModel 模型相比，在分类正确率和效率上的提高都不是很明显，这是由于 UCI 数据集的样本数量都较少，只能模拟几步的增量过程，修剪尚不够充分。因此，为了进一步验证修剪策略的性能，在 KDD CUP'99 的大规模的数据集和移动超平面数据集上又分别进行了实验。

［实验二］为了验证修剪算法在实际领域中的应用，也在 KDD CUP'99 入侵检测数据上进行了实验。实验采用 KDD CUP'99[17] 入侵检测数据集，完整的训练数据集包含 4999000 条连接记录，每条记录由 42 个属性组成，其中最后一个属性描述该条记录是正常连接还是某种入侵行为，整个入侵检测数据总共包括 37 种入侵行为，这些入侵行为被分成 4 大类：Probe、Denial of service(DOS)、User To-root(U2R) 和 Remote to local(R2L)。

实验中从 10% 训练子集"kddcup.data_10_percent_corrected"中随机抽取了 15743 条记录作为训练样本。训练集中各类分布情况如下：Normal，5612；DOS，9229；U2R，52；R2L，342；Probe，508。由于 U2R 和 R2L 两类存在着比较严重的不平衡现象[30]，实验采用了一种重复抽样的过抽样[31] 处理方法。即对这两类的训练数据进行重复抽样，使它们达到和 Probe 类同样的数量。另外，数据经过 WEKA 软件中[0,1]区间的标准化处理。

测试数据则从 KDD CUP'99 提供的总共 311029 条记录的用于测试的数据集"corrected"中随机抽取了 5538 条样本组成测试集。测试集中各类分布情况如下：Normal，1999；DOS，2608；U2R，67；R2L，89；Probe，775。

在实验中，选取了传统 IkNNModel 算法作为对比算法。同时，为了比较算法与已有的经典增量学习算法，还选取了增量贝叶斯算法作为对比算法，并将训练集随机平均分为 30 块，模拟 30 步的增量学习后，再对测试集进行预测。结果如表 3-6（时间单位为毫

秒)所示:

表 3-6　带修剪 IkNNModel 算法在入侵检测数据集上的效果

	带修剪的 IkNNModel	IkNNModel	增量贝叶斯
Normal 检测率	100.00	100.00	77.39
DOS 检测率	99.77	99.77	99.77
U2R 检测率	77.61	77.61	92.54
R2L 检测率	66.29	24.72	17.98
Probe 检测率	96.77	96.00	98.19
总正确率	98.63	97.85	90.07
训练时间	86983.00	86156.00	434.00
测试时间	688.00	4609.00	2219.00

从表 3-6 中可以看出,从总的分类正确率来看修剪后的 IkNNModel 算法要略高于传统的 IkNNModel 算法,同时明显高于增量的 NaiveBayes 算法。这说明,带修剪的 IkNNModel 算法在入侵检测数据上的分类正确率还是较高的。而在对预测时间的比较上,可以看出,带修剪的 IkNNModel 在预测的时间效率上大大高于传统 IkNNModel 算法,同时也高于贝叶斯增量算法。

在产生的模型簇数量方面,在 30 步的增量过后,传统的 IkNNModel 生成了 546 个模型簇,而修剪后的 IkNNModel 算法仅仅生成了 89 个模型簇,大幅度地简化了模型,从而提高了预测的时间。在每个增量步后,各算法生成模型簇的数量如下图所示:

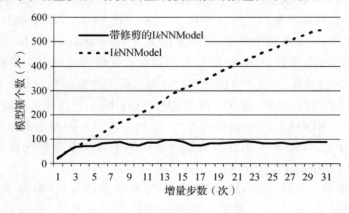

图 3-6　随着增量步数的增加模型簇数量的变化趋势

从图 3-6 中可以看出,随着增量步数的增加,传统的 IkNNModel 算法生成的模型簇数量在不断地增加。而在实际应用领域中,增量步数可以看成是无穷大的,因此传统 IkN-NModel 算法产生的模型将变得越来越复杂,并且严重影响了预测的时间。而修剪后的 IkNNModel 算法生成的模型簇数量则一直在一个较小的范围内波动,随着增量步数的不断增加,其模型簇数量并未增加。这使得带修剪的 IkNNModel 算法能更好地适用于实际领域中。

[实验三]为了进一步验证算法在大数据集上的表现,同时测试算法对"概念漂移"的适应能力,以未修剪的 IkNNModel 算法作为对比,在移动超平面数据集上进行了实验。

移动超平面(Hyperplane)[32]:一个 d 维超平面上的样本 X 满足形式:$\sum_{i=1}^{d} a_i x_i = a_o$。在实验中,设 d 为 3,并且随机产生 4 个不同的权重集合。在训练集中包含 5% 的噪声样本。

在一次测试中,产生 4 万条样本,其中蕴含 4 个概念,3 次漂移。每个概念包含 1 万条样本,将其划分为 50 小块,每小块中再各抽取 50% 作为训练集,50% 作为测试集。当使用某一特定概念的训练集时,也相应地用此概念的测试集进行预测。每次测试进行的是 200 次的增量学习,实验将测试如上所述重复 20 次,分类准确率取 20 次的平均结果,如图 3-7 所示:

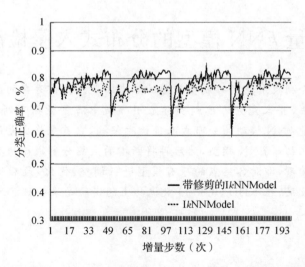

图 3-7　带修剪的 IkNNModel 算法在移动超平面数据集上的效果

图 3-7 所示的是两种算法在移动超平面数据集上 200 次增量过程中分类正确率的比较结果。从总体来看,在数据刚开始阶段,两种算法的分类正确率都比较低,随着增量次数的增加,分类正确率也在逐渐提高;在增量步数为 51、101、151 的时候,数据产生漂移,分类正

确率突降,但随着漂移数据的增多,分类正确率再次恢复到较高的水平。

同时,也可以看出,经过修剪的 IkNNModel 在发生漂移后的适应能力和稳定后的分类正确率上都要优于 IkNNModel 算法。这是由于传统的 IkNNModel 算法保存着过时的模型簇,只有当新产生的模型簇覆盖那些过时的模型簇后才能适应数据分布的变化,这大大影响了预测。而通过修剪,及时删除掉过时的模型簇,使得 IkNNModel 能够更快地适应概念漂移。另外,在 200 步的增量后,传统的 IkNNModel 算法平均产生了 743 个模型簇,而经过修剪后平均只产生了 25 个模型簇,可见,通过带修剪的 IkNNModel 算法在大大降低模型复杂度的同时,能够更好地适应概念漂移问题。

3.2.5 小结

本节介绍了一种增量 kNN 模型的修剪策略。通过合并和删除模型簇,降低了模型的复杂度,增加了泛化能力,提高了预测效率。在 UCI 机器学习公共数据集、KDD CUP'99 入侵检测数据集以及移动超平面数据集上的实验结果表明,通过修剪,IkNNModel 能更好地适用于实际领域中。

3.3 基于增量 kNN 模型的分布式入侵检测架构

【摘要】网络异常检测技术是网络安全领域的热点问题。目前存在的异常检测算法大多属于静态分类算法,并未充分考虑到实际应用领域中海量数据不断增加的问题。本节介绍一种基于增量 kNN 模型的分布式入侵检测架构,它首先将少量的训练集均匀分配到各个结点上建立初始 kNN 模型,然后再将新增的数据分割成小块数据交由各个节点并行地进行增量学习,即对各结点的原有模型进行调整、优化,最后通过模型融合得到较为鲁棒的检测效果,在 KDD CUP'99 数据集上的实验结果验证了本方法的有效性。

3.3.1 引言

随着 Internet 网络的高速发展,网络安全问题得到了越来越多的重视。而入侵检测系统(intrusion detection systems,IDS)作为能主动发现攻击事件的安全屏障[33],近几年已成为愈来愈多学者专家的研究热点。传统的入侵检测方法大多基于数据挖掘及机器学习方法,并且大都可以转化为相应的分类问题来解决。例如有人将传统的神经网络[34]和支持向量机算法[35]应用在入侵检测领域,得到了较好的检测效果。然而在实际应用中,网络连接数据有规模巨大和实时不断增加的两大特点,传统的分类算法很难完全适用。

针对连接数据规模巨大的特点,文献[36]提出了数据的分片(分割)机制,其核心思想是将高速海量数据分割成不同部分并分配给分布的独立检测节点并行处理。在此基础上,元学习[37,38]、协作贝叶斯学习[39]等并行学习算法,都将得以应用到例如信用卡[40,41]、网络[42]等异常检测中。刘衍珩等[30]人将并行学习的神经网络算法应用于大规模的入侵检测中,而Filino 等[43]人则使用了一种遗传集成技术,均取得了不错的效果。

然而以上的分布式算法大多属于静态方法,而在入侵检测领域,算法的增量学习能力是非常重要的。这是由于首先,在实际中新类型的攻击不断增加,很难一次获得足够描述整个数据分布的数据集。而入侵检测系统不可能等到获得了足够多的训练样本后再投入使用。其次,每次都在新增数据和原有数据上重新建立模型将耗费大量的时间和存储空间,无法满足实际的应用[44]。

本节介绍一种基于 kNN 模型的分布式增量学习算法,并在此基础上构建分布式入侵检测系统架构,在实现增量的同时大大缩短了建立模型的时间[63]。本节其他内容安排如下:3.3.2 节简单介绍相关工作和增量的 kNN 模型算法;3.3.3 节提出基于增量 kNN 模型的分布式入侵检测架构;3.3.4 节给出详细的实验环境与实验结果分析;最后,3.3.5 节对本节进行了归纳和总结,并阐述下一步的研究方向。

3.3.2 相关工作

3.3.2.1 传统 kNN 算法

kNN 算法是一种简单而有效的分类算法。它的基本思想是:使用一种距离度量计算待分类样本与所有训练样本之间的距离,找到距离待分类样本最近的 k 个近邻;然后根据这 k 个近邻所属的类别进行多数投票来确定待分类样本的类别[7]。

kNN 算法在许多应用领域均取得了成功。Liao 等[45]人在入侵检测领域中使用 kNN 算法,Li 等[46]人则提出了一种 kNN 主动学习的入侵检测算法。然而,传统的 kNN 是一种懒散型的学习方法,由于对每个新样本进行分类时,它都要计算新样本与所有训练样本之间的距离,这导致 kNN 算法在分类新样本时效率低下[7],显然无法直接适用于对实时性要求比较高的入侵检测领域。

3.3.2.2 kNN 模型算法

kNN 模型算法(简记 kNNModel)是 Guo 等[7,8]人提出的一种改进的 kNN 算法,较好地

解决了传统的 kNN 算法存在的缺陷。kNNModel 算法的基本思想是：给定一个相似性度量，以每个训练样本为圆心，向外扩展成一个区域，使这个区域覆盖最多的同类点，而不覆盖任何异类点。然后选择覆盖最多点的区域，以四元组 $<Cls(d_i),Sim(d_i),Num(d_i),Rep(d_i)>$ 形式保存下来形成一个模型簇(以某个代表点为中心的一定区域范围内样本点的集合)，其中 $Cls(d_i)$ 表示该区域中数据点的类别；$Sim(d_i)$ 表示该区域的半径，即最远点到圆心 d_i 的距离；$Num(d_i)$ 表示该区域覆盖点的数量；$Rep(d_i)$ 则为圆心 d_i 本身。算法重复迭代多次，直至所有的训练样本至少被一个模型簇所覆盖。这样，只需保存这些模型簇待到分类新数据的时候使用即可。

可见，kNNModel 算法在训练样本上构建多个模型簇来代替整个训练样本集，并保存这些模型簇用于分类新数据。它不仅成功地约简了数据，提高了分类新数据的效率；同时，由于 kNNModel 构建的模型簇的大小和覆盖样本的数量是根据数据集各类数据在多维数据空间的分布情况自动形成，成功地解决了 k 值难以选择的问题。

3.3.3 增量的 kNNModel 算法的基本思想

增量的 kNNModel 算法是 kNNModel 的增量学习算法，它通过对 kNNModel 产生的模型簇引进"层"的概念，对新增数据建立不同"层"的新模型簇的方式对原有模型进行优化，达到增量学习的效果。

当一个模型簇覆盖了过多的错分样本时，说明这个模型簇在某些区域是不够准确的。IkNNModel 算法提出了一种层的概念，不直接对原有模型簇进行修正，而通过建立新模型簇对原有模型进行优化，见图 3-8 所示。

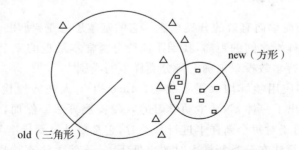

图 3-8　IkNNModel 利用新增数据对 kNNModel 模型的修正

图 3-8 中有方形和三角形两类新样本点，原有的模型簇 old 中包含了过多的错分点，显然在边界处不够准确。而在新样本基础上构建的新模型簇 new 在交叉区域则更加准确。因此用新模型簇覆盖旧模型簇的错分区域，使得原有模型能够得到通过增量学习不断地

修正。

与传统 kNNModel 算法不同的是，IkNNModel 算法是以 $<Cls(d_i), Sim(d_i), Num(d_i), Rep(d_i), Lay(d_i)>$ 来保存模型簇（简记 $O(d_i)$），其中 $Lay(d_i)$ 表示模型簇 d_i 的层值。在原始数据集上建立的模型簇的层值均设为 0。在每次增量过程中，若原有模型簇覆盖了一定量的错分样本，则层值保持不变，否则层值增一。这样在预测新数据时，若新数据被多个模型簇所覆盖，则选择层值最高的模型簇的分类结果。

新样本中被错分的样本有可能是噪声样本甚至错误样本，也可能是对修正原有模型起作用的样本。因此为每个新的错分样本引入权重，以区别可能的噪声点或者错误样本。

若一个新的错分样本 E_j 被一个模型簇 $O(d_i)$ 所覆盖，则定义新错分样本 E_j 在模型簇 $O(d_i)$ 中的权重 W_j^i 为：

$$W_j^i = d(d_i, E_j)/r \tag{3-12}$$

其中 r 为模型簇 $O(d_i)$ 的半径，$d(d_i, E_j)$ 表示 E_j 到模型簇 $O(d_i)$ 中心 d_i 的距离。

若 E_j 被多个类别相异的模型簇所覆盖，则 E_j 的权重为 W_j：

$$W_j = \prod_i W_j^i \tag{3-13}$$

显然一个新错分样本的权重越小越可能是噪声或者错误样本，而权重越大对修正模型的贡献也越大。将其他新样本的权重都赋 1。给定一个模型簇 $O(d_i)$，其加权密度定义为：

$$W = \frac{\sum_{j \in O} W_j}{r_i} \tag{3-14}$$

其中 r_i 为模型簇 $O(d_i)$ 的半径；j 为被模型簇 $O(d_i)$ 覆盖的所有新样本点。若一个新模型簇不包含任何错分样本，则其加权密度即为普通密度。

模型簇 $O(d_i)$ 的错分率 F 为：

$$F = \frac{\sum_p W_i^p}{N_i} \tag{3-15}$$

其中 p 为所有被模型簇 $O(d_i)$ 覆盖的错分样本，N_i 表示被模型簇 $O(d_i)$ 覆盖的所有样本数量。

在每步的增量学习过程中，错分率过大，说明该模型簇在某些区域不够准确，因此层值不增加。这样通过新模型簇覆盖错分率过大的原有模型簇的错分区域来达到对原有模型簇进行修正的目的。在测试阶段，若数据被多个模型簇覆盖，则选择层值高的模型簇的类别。

IkNNModel 算法实现的基本步骤如下：

1. 增量学习阶段的算法

算法 3-4　IkNNModel 增量阶段算法

输　入：n 个新的训练样本和建立在初始数据集上的 kNNModel 模型

输　出：IkNNModel 模型

Begin

1. 对于每条训练样本 d_t，用 kNNModel 模型对 d_t 进行分类

2. 若 d_t 分类正确则转到第 3 步，若 d_t 分类错误，则加入到错分样本集，并标记为"未覆盖"后转 Step1，计算下一条样本

3. 若 d_t 被某个或几个同类别的模型簇所覆盖，则将这些模型簇的 $Num(d_i)$ 更新为 $Num(d_i)+1$，抛弃 d_t，转第 1 步，计算下一条样本；若 d_t 未被任何模型簇所覆盖则转第 4 步

4. 判断可否扩展某个与 d_t 同类别的模型簇，使得该模型簇覆盖 d_t 而不与任何异类的模型簇相交。若存在满足要求的模型簇，则将该模型簇 $Num(d_i)$ 更新为 $Num(d_i)+1$，$Sim(d_i)$ 更新为 $d(d_t, d_i)$，抛弃 d_t，转第 1 步，计算下一条样本；若不存在满足要求的模型簇，则转到 Step5

5. 将 d_t 标记为"未覆盖"

重复第 1 步～第 5 步直到所有的新样本都被处理完

6. 根据式(3-13)计算所有错分样本的权值，根据式(3-15)计算每个原有模型簇的错分率，若错分率大于一个阈值，则 $Lay(d_i)$ 不变，否则将 $Lay(d_i)$ 更新为 $Lay(d_i)+1$

7. 以每个"未覆盖"的样本点为圆心，向外扩展成一个区域，使这个区域在其加权密度大于原有模型簇中的最小密度的情况下覆盖最多的同类点，不覆盖任何异类点

8. 选择覆盖最多点的区域，以 $<Cls(d_i), Sim(d_i), Num(d_i), Rep(d_i), Lay(d_i)>$ 的格式保存下来形成一个新模型簇。$Lay(d_i)$ 值为当前增量的步数。将被这个模型簇所覆盖的所有数据标记为"已覆盖"

9. 重复第 7 步～第 8 步步骤，直到所有数据均为"已覆盖"

10. 抛弃 $Num(d_i)$ 过小的模型簇，将被这些模型簇覆盖的数据标记为"未覆盖"单独保存下来，以供下次增量学习使用

11. 抛弃所有"已覆盖"的新训练样本

12. 输出所有更新后的模型簇，即 IkNNModel 模型

End

2. 分类阶段的算法

算法 3-5　IkNNModel 分类阶段的算法

输　入：待分类数据

输　出：分类类别

Begin

1. 对于一条新的待分类数据 d_t，计算其与所有模型簇中心的距离

2. 若 d_t 只被一个或多个相同类别的模型簇所覆盖，则将其中任一模型簇的类别赋予 d_t

3. 若 d_t 被两个或以上不同类别的模型簇所覆盖，则将层值高的模型簇的类别赋予 d_t；若 d_t 被多个同样层值的模型簇所覆盖，则将覆盖点最多，即 $Num(d_i)$ 最大的模型簇的类别赋予 d_t

---

4. 若 d_t 未被任何模型簇所覆盖,则将边界距离 d_t 最近的那个模型簇的类别赋予 d_t

End

3.3.4　基于 IkNNModel 的分布式入侵检测算法

在现代入侵检测领域,随着互联网的快速发展,网络的规模和传输速度急剧增长,如何在海量数据中快速地进行数据挖掘成为一大难题。目前,分布式入侵检测系统[47]已成为该研究领域的一个热点。U. C. Davis 的 DIDS[47],DrIDS[48],以及 Purdue 大学提出的 AAFID[49] 等是分布式入侵检测系统的一些实例。在此基础上,各种的集成学习算法都可以被应用于分布式入侵检测领域,在降低了训练时间的同时保证了系统的分类正确率。刘衍珩等[30]人将并行学习的神经网络算法应用于大规模的入侵检测中,Deng 等[50]人将 SVM 方法应用于分布式入侵检测系统中,而 Filino 等[43]人则使用了一种遗传集成技术,均取得了不错的效果。

然而,以上的方法大多属于静态分类算法。在入侵检测领域,数据连续不断地增加,因此在入侵检测领域中引入增量学习算法是很有意义的。IkNNModel 算法实现了基于 kNNModel 的增量学习,并缩短了 kNNModel 建立模型的时间。于是将 IkNNModel 算法与分布式学习算法相结合,实现了一种基于增量 kNN 模型的分布式入侵检测架构。

基于 IkNNModel 算法的特点,在训练阶段,首先将得到的原始训练数据随机分成互不相交的 l 个子集,然后在这 l 个子集上分别训练出一个 kNN 模型,记为 kNNModel$_i$(i=1,2,$\cdots$,l)。每当有新增数据到达时,将新增数据随机地分成互不相交的 l 个子集,交由对应的 IkNNModel$_j$(j=1,2,$\cdots$,l)算法并行地进行增量学习(如图 3-9)。这样,就可以用得到的 l 个 IkNNModel 通过共同决策来对未知标签的新数据来进行分类(如图 3-10)。

算法 3-6　基于 IkNNModel 的分布式入侵检测算法

输　入:原始训练数据集
输　出:最终预测结果

Begin

1. 将原始训练数据集随机分成 l 个子集{S_1,S_2,$\cdots$,S_l},分送 l 个不同的节点,在 S_i 子集上建立 kNNModel$_i$ 模型,i=1,2,$\cdots$,l

2. 将每次得到的新增训练样本随机分成 l 个子集{Z_1,Z_2,$\cdots$,Z_k},每个子集 Z_i 交给对应的 kNNModel$_i$ 进行增量学习得到 IkNNModel$_i$ 模型,i=1,2,$\cdots$,l

3. 对于待分类数据,得到 l 个 IkNNModel 的预测结果

4. 用得到的 l 个 IkNNModel 使用多数投票策略进行集成预测,输出最终预测结果

End

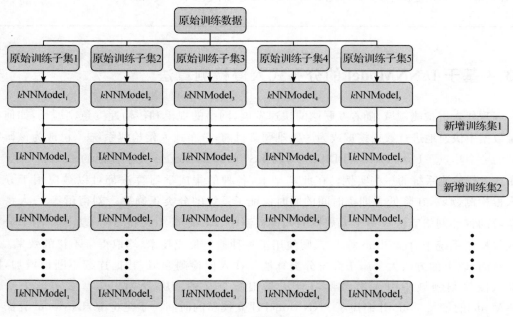

图 3-9　训练阶段

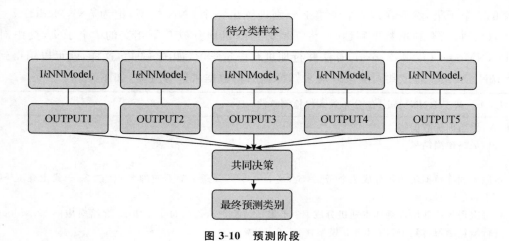

图 3-10　预测阶段

3.3.5 实验与结果分析

实验采用 KDD CUP'99[19] 入侵检测数据集,完整的训练数据集包含 4 999 000 条连接记录,每条记录由 42 个属性组成,其中最后一个属性描述该条记录是正常连接还是某种入侵行为,整个入侵检测数据总共包括 37 种入侵行为,这些入侵行为被分成 4 大类:probe、denial of service(DOS),user. to—root(U2R) 和 remote. to. local(R2L)。对应关系如下所示:

Probe:{portsweep,mscan,saint,satan,ipsweep,nmap}

DOS:{udpstorm, smurf, pod, land, processtable, warezmaster, apache2, mailbomb, Neptune,back,teardrop}

U2R:{httptunnel,ftp_write,sqlattack,xterm,multihop,buffer_overflow,perl,load-module,rootkit,ps}

R2L:{guess_passwd,phf,snmpguess,named,imap,snmpgetattack,xlock,sendmail,xsnoop,worm}

从 10% 训练子集"kddcup. data_10_percent_corrected"中随机抽取了 18417 条记录作为训练样本,其中由于 U2R 类的连接记录过少,抽取了"kddcup. data_10_percent_corrected"中全部的 52 条 U2R 类样本加入训练集中。

训练集中各类分布情况如下:normal,6634;DOS,10827;U2R,52;R2L,396;probe,508。

测试数据则从 KDD CUP'99 提供的总共 311029 条记录的用于测试的数据集"corrected"中随机抽取了 5486 条样本组成测试集。其中包括 3 种在训练集中未出现过的入侵行为。

测试集中各类分布情况如下:normal:1999;DOS:2608;U2R:15;R2l:89;probe:775。

实验中,对所抽取的实验数据集(训练集,测试集)统一进行标准化处理,同时针对训练集中 U2R 和 R2L 这两类数据过少的不平衡数据情况,采取了一种类似于过抽样的方法。即在训练基础分类器以及每次增量训练过程中,都将全部的 U2R 和 R2L 类型的数据分给各个分类器训练,以保证这两类数据在每个分类器中的完整性。

[实验 1]在实验中,为了模拟增量过程,将整个数据集随机地分成 6 份,每份有 3070 个数据。其中第一份作为基础训练集,平分 5 份交由 kNNModel 算法建立 5 个 kNN 初始模型;剩下五份作为增量数据,每一份在对应的 kNN 初始模型上进行增量学习。实验中,kNNModel算法的容忍度参数取 0,IkNNModel 错分率参数取 0.1。

表 3-7　在基础训练集上各分类算法的分类正确率

	SVM	J48	kNNModel
总正确率	96.81	94.26	95.72
误检率	0.05	0.65	0.00
PROBE 检测率	89.00	73.00	79.70
DOS 检测率	100.00	99.80	99.80
U2R 检测率	53.30	73.30	46.70
R2L 检测率	9.00	5.60	28.10
训练时间(s)	10.44	1.34	2.88
测试时间(s)	0.075	0.021	0.47

其中 kNNModel 的训练时间为 5 个 kNNModel 中最大的那个训练时间。测试时间为 5 个 kNNModel 中最大的那个测试时间加上融合的时间。从表 3-7 可以看出,在基础训练集上,kNNModel 较支持向量机(SVM)、决策树方法(J48)并没有任何优势,而且还处于弱势地位。

表 3-8 为各分类器在整个数据集上的表现,其中 IkNNModel 为在 kNNModel 基础上经过并行增量学习及集成融合后的分类结果。其他分类器的表现均为直接在整个训练集上建立分类模型:

表 3-8　在整个数据集上各分类器的分类正确率

	SVM	J48	IkNNModel
总正确率	98.39	97.34	98.12
误检率	0.05	0.00	0.00
PROBE 检测率	93.50	87.20	95.90
DOS 检测率	100.00	99.90	99.80
U2R 检测率	20.00	0.00	60.00
R2L 检测率	71.90	66.30	33.70
训练时间(s)	128.09	15.56	11.88
测试时间(s)	0.075	0.025	2.35

其中 IkNNModel 的训练时间为在基础训练集上建立 kNNModel 的时间加上增量学习的时间以及决策融合的时间。

对比表 3-7,从表 3-8 可以看出,本节介绍的增量学习算法及分布式入侵检测架构,从一定程度上,改善了 kNNModel 的分类性能。在时间花费上(训练+测试)要低于 SVM 和 J48,并且在分类正确率上也可以同 SVM 和 J48 媲美。

可见,本节介绍的分布式增量学习算法在保证相对较高的检测率的同时,在训练时间上远小于 SVM 算法,同时也低于 J48 算法,较适合于数据海量增加的入侵检测等领域。

3.3.6 小结

本节介绍了一个基于 kNNModel 的增量学习算法,并在此基础上构建一个分布式的网络入侵检测系统,由于该系统具有分布式增量学习的特点,特别适用于数据海量增加的应用领域。在 KDD CUP'99 数据集上的实验结果表明了算法的可行性。然而,该算法对 U2R 和 R2L 的检测率仍然不高。这是由于,这两类样本属于不平衡数据。尽管实验中对这两类数据进行了一些处理,然而增量和分布式使得数据分割,更加剧了少量数据的不平衡性。另外,随着不断地增量学习,IkNNModel 建立的模型簇的数量也会不断地增加。在增量步数过多以后将生成过多的模型簇,从而影响了预测时间。因此,对生成的模型簇进行适当的合并和剪辑,以降低模型簇的数量,显得十分必要,这与对不平衡数据的处理是下一步的研究重点。

3.4 基于 kNN 模型的层次纠错输出编码算法

【摘要】本节介绍了一种新颖的层次纠错输出编码算法,该算法在训练阶段先通过 kNN 模型算法在数据集上构建多个同类簇,选取各类中具有代表性的簇形成层次编码矩阵,然后再根据编码矩阵进行单分类器训练。在测试阶段,该算法通过模型融合充分发挥了 kNN 模型和纠错输出编码各自的优点,以达到提高分类效果的目的。实验结果验证了该算法的有效性。

3.4.1 引言

现实世界中存在许多多类分类问题,如文本分类、图像/字符识别、疾病诊断等,与二类分类问题相比,多类分类问题除了模型表示困难、理论支撑少,还具有训练复杂度大等难点。纠错输出编码是一种把多类分类问题分解成若干个二类分类问题来求解的方法。其主要思路是:根据样本的编码矩阵,定义若干个切分(每个都是二分),用若干个二类的单分类器对每个切分进行独立求解,在预测阶段再综合各个单分类器的输出和编码矩阵的距离来判断样本的隶属[51]。

其中编码矩阵的每一列都可看作是对样本的一种二元切分法。对于不同的列,按照编码矩阵的性质,必然对应不同的切分方法。如果 $M(i,j)=-1$,意味着第 j 个单分类器 h_j 把所有第 i 类的样本都划分为负例;反之如果 $M(i,j)=+1$,表示第 j 个单分类器 h_j 把所有第 i 类的样本都划分为正例。而如果 $M(i,j)=0$,表示第 j 个单分类器 h_j 对所有第 i 类的样本不做学习,即每个单分类器都根据编码对新划分的样本集进行训练。注意到在编码的过程中编码矩阵 $M_{k\times n}$ 可以是任何矩阵,只要满足如下条件[52]:(1)行分离:对于每一个码文必须与其他任何一个码文在汉明距离的解码中是相分离的;(2)列分离:每一列 h_j 与其他列都应该是不相关的。

编码矩阵通常具有多种形式[53]:一对多矩阵、一对一矩阵、稀疏随机编码矩阵以及密集随机编码矩阵等。在一对多矩阵中,每个分类器都将一个类作为正例,而其他所有类都作为反例;对于一对一矩阵,所有类两两之间的一个组合都对应于一个单分类器。

在样本的预测中,需要进行解码。具体做法如下[61]:

(1)把预测的样本 x 送至各个单分类器,得到一个输出向量 $H(x)=(h_1(x),h_2(x),\cdots,h_n(x))$。

(2)将这个输出向量分别和编码矩阵的每一行作距离运算 $D(M,H(x))$,其中 My 是 M 中的第 y 行。距离计算用汉明距离函数或欧氏距离函数。

(3)取距离最小的 y,作为预测的输出[51]:

$$\eta(x)=\underset{y}{\mathrm{argmin}}\ \{D(M_y,H(x))\,|\,y=1,2,\cdots,k\} \tag{3-16}$$

Allwein[54]对纠错输出编码算法进行了改进,在编码矩阵的设计中引入不确定值,在单分类器输出混合形式中做了拓展性的替换,并引入基于损失的解码过程。Passerini 等[55]根据对类的条件概率的估计提出了一种新的解码函数。在编码方面,Crammer 等[56]人首先提出了对编码过程的设计改进,且证明了找到一种最优的离散的编码问题是一个 NP 难问题。Pujol 等[57]人提出了一种判别式的 ECOC 编码方式,提出利用互信息对类别空间进行分级分割的判别准则。随后 Escalera 等[58]进一步提出了一种添加了最优结点嵌入的编码方式。

大量的试验结果表明纠错输出编码能对错误的分类器进行纠错[51,59,60],但它也存在一些缺点:(1)一般的纠错输出编码对不同的数据采用同样的编码矩阵进行切分,编码矩阵都采用事先构造出来的统一的形式,适应性较差,对数据的结构没有进行区别。(2)传统的纠错输出编码算法只对有标签样本的类别进行编码,并未对同类数据间的分布特点进行探究。

本节介绍一种新颖的基于 kNNModel 的层次纠错输出编码算法[64](简称 KNNM-HECOC,下同),它首先利用 kNNModel 有监督地构建多个模型簇的方法来代替整个训练集,进行数据约简。然后选取具有代表性的模型簇建立簇与类别的对应关系,在编码阶段,根据簇特征进行同类组合后再进行层次编码。在测试阶段,根据数据与模型簇间的关系,融合 kNNModel 和纠错输出编码对簇的预测。最后通过计算最近簇编码的距离,对应到相应的类别,获得了比传统技术更高的分类正确率。

　　本节其他内容安排如下:3.4.2 节简单介绍 kNNModel 算法的相关研究背景;3.4.3 节介绍一种新的基于 kNNModel 的层次编码策略,并从理论上加以分析;3.4.4 节给出该方法在一些应用数据集上的实验数据和结果分析;最后,3.4.5 节进行了小结并阐述进一步的研究方向。

3.4.2 相关工作

3.4.2.1 kNNModel 算法

　　kNNModel 算法是 Guo 等[7,8]人提出的一种基于 kNN 的改进算法。基本思想是:在训练阶段,以每个训练样本为圆心,向外扩展成一个区域,使这个区域覆盖最多的同类点,而不覆盖任何异类点。然后选择覆盖最多点的区域,以四元组 $<Cls(d_i), Sim(d_i), Num(d_i), Rep(d_i)>$ 形式保存下来形成一个模型簇(以某个代表点为中心的一定区域范围内样本点的集合),其中 $Cls(d_i)$ 表示该模型簇中样本点的类别;$Sim(d_i)$ 表示该模型簇的半径,即覆盖得最远样本点到圆心 d_i 的距离;$Num(d_i)$ 表示该模型簇覆盖样本点的数量;$Rep(d_i)$ 则为圆心 d_i 本身。算法重复迭代多次,直至所有的训练样本至少被一个模型簇所覆盖。

　　kNNModel 的算法[7]如下:

算法 3-7　kNNModel 训练阶段的算法

输　入:训练数据集
输　出:kNNModel 模型
Begin
1. 选择一个相似性度量,建立训练数据的相似度矩阵,并将每条数据标记为"未覆盖"
2. 以每个"未覆盖"的数据为圆心,向外扩展成一个区域,设置一个容忍度参数 r,使这个区域覆盖最多的同类点,而不覆盖个数大于容忍度 r 的异类点
3. 选择覆盖最多点的区域,以 $<Cls(d_i), Sim(d_i), Num(d_i), Rep(d_i)>$ 的格式保存下来形成一个模型簇。将被这个模型簇所覆盖的所有数据标记为"已覆盖"
4. 重复第 2,3 步骤,直到所有的训练数据都被标记为"已覆盖"
5. 最后生成的多个模型簇组成了 kNNModel 模型
End

在第 3 步中,如果有多个区域覆盖了同样多的最多点,则选择 $Sim(d_i)$ 最小的,即密度最大的区域保存下来。

算法 3-8 kNNModel 分类阶段的算法

输　入:待分类数据

输　出:分类类别

Begin

1. 对给定的待分类数据 X,计算其与所有模型簇中心的距离

2. 若 X 只被一个或多个相同类别的模型簇所覆盖,则任取一模型簇的类别赋予 X

3. 若 X 被两个或以上不同类别的模型簇所覆盖,则将覆盖点最多,即 $Num(d_i)$ 最大的模型簇的类别赋予 X

4. 若 X 未被任何模型簇所覆盖,则将边界距离 X 最近的那个模型簇的类别赋予它

End

可见,kNNModel 构建的模型簇的大小和覆盖样本的数量是根据数据集各类数据在多维数据空间的分布情况自动形成,成功地约简了数据,并解决了传统 kNN 算法 k 值难以选择的问题。

然而,kNNModel 算法也存在一些缺点:(1)容忍度参数 r 的设置,它允许每个模型簇覆盖一定程度的异类点以提高模型的泛化能力,但其确定是依靠经验值,没有足够的数学推理依据。(2)在分类阶段,若待分类样本 d_t 未被任何模型簇所覆盖,算法将边界距离 d_t 最近的那个模型簇的类别赋予 d_t。这样的分类方法较为粗糙,可能导致较大的误差。

3.4.2.2 层次纠错输出编码

在传统的纠错输出编码算法中,对不同的数据采用同样的编码矩阵进行切分,编码矩阵都采用事先构造出来的统一的形式,适应性较差,对数据的结构没有进行区别。因此,对于不同的数据应该有其特有的、较为适合的编码来划分数据,这样的编码应该能够反映出数据分布的特点,尤其是类别之间的关系也应该被充分考虑到编码的过程中来。本节介绍的构建层次编码的方法,分别对同类簇和层次结点进行编码。

定义 3.4.1   若簇 $C_r(r=1,2,\cdots)$ 所对应的类别都属于同一个类,则称 $C_r(r=1,2,\cdots)$ 为同类簇。

对于同类簇,簇之间采用传统的一对一编码方式;而后将同类簇合并成一个新簇,于是对于 k 个类就形成了 k 个新簇,计算类与类之间的相似度,采用类似于层次聚类的方法[61],至底向上将新簇两两合并,直至最后。接着,根据公式(3-17)对层次聚类树上的每一个结点 g_i 进行编码:

$$M(r,i)=\begin{cases}1 & \text{若}\ C_r\in g_i^1\\0 & \text{若}\ C_r\notin g_i\\-1 & \text{若}\ C_r\in g_i^2\end{cases} \tag{3-17}$$

这里,g_i^1 和 g_i^2 分别表示指向类 1 和类 2 的第 i 个层次结点,$C_r\in g_i^1$ 表示结点中的簇 C_r 若指向类 1,此时,保持类属性不变;$C_r\in g_i^2$ 表示结点中的簇 C_r 若指向类 2,则 $M(r,l)=-1$,而后将其类属性改为类 1;若簇 C_r 不在此结点中,则不予考虑。由此形成的编码矩阵的大小为:

$$\lambda'\times(\sum_{i=0}^{k-1}\frac{|K_i|\times(|K_i|-1)}{2}+k-1),\text{且}\sum_i|K_i|=\lambda'$$

这里 K_i 是同属于第 i 类的簇的集合,$|K_i|$ 表示属于第 i 类的簇个数,k 为数据集的类别数。

下面以一个 4 类问题为例,利用以上提出的编码方法生成最终的编码矩阵。具体编码步骤解释如下:

首先对数据集进行聚类,最后形成的非空簇的个数假设为 9,图 3-11 中每种形状代表簇对应的不同类别,C_r 表示簇号。对属于同类别的簇进行一对一编码,图 3-11 右部分为其编码矩阵,其中行代表 C_r,$1\leqslant r\leqslant k$,列为需要的单分类器数 n,即 n 为码长。黑色代表 +1,灰色代表 -1,白色代表 0。

其次,合并同类簇,计算各类别间的相似度,如图 3-12 所示。根据层次聚类的原则,合并最相近的两个类别,直至最终合成一个类,这样的过程可以用一棵树来表示。

图 3-12 右部分的树结构中最下层的 4 个结点是合并后的同类簇,结点的编码从图 3-13 的箭头开始,由此往上 3 个结点形成 3 列编码。最终的编码矩阵如图 3-13 所示:

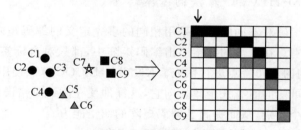

图 3-11　同类簇的编码

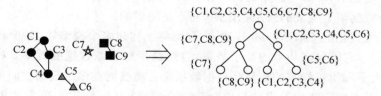

图 3-12　同类簇的层次结构

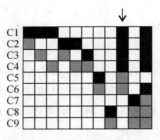

图 3-13　最终的编码矩阵

3.4.3　基于 kNN 模型的层次纠错输出编码算法($\mathit{KNNM\text{-}HECOC}$)

本节介绍了一种基于 kNNModel 的层次纠错输出编码算法 KNNM-HECOC(KN-NModel based Hierarchical ECOC),对传统的编码算法进行改进。基本思想是,首先利用 kNNModel 有监督地构建多个模型簇,以代替整个训练集,然后选取具有代表性的模型簇建立簇与类别的对应关系,将未选取到的模型簇中的训练样本归于距离最近的模型簇。在编码阶段,对所选取出来的模型簇进行层次编码。在测试阶段,根据数据与模型簇间的关系,融合 kNNModel 和纠错输出编码的对簇的预测,获得了比传统技术更高的分类正确率。

3.4.3.1　KNNM-HECOC 算法的基本思路

传统的纠错输出编码对不同的数据采用相同的事先定义的编码矩阵进行切分,而对数据的结构没有进行区别。在目前的纠错输出编码矩阵中,都只对有标签样本的类别进行编码,并未对同类数据间的分布特点进行探究。KNNM-HECOC 算法使用了一种对簇编码的技术,对于一个类别,可能同时有几个簇指向它,这样即使在测试时错误地指向了其他簇,但依然可能是属于同一个类别,从而提高了编码矩阵的纠错能力。

理想中,在训练样本上生成的簇应该满足两个条件:

(1)簇必须是纯的,即每个簇中的所有样本属于同一个类别。

(2)在同个数据集上生成的簇是稳定的,而不是随机的。

Guo 等[7,8]人提出的 kNNModel 算法,在训练集上构建多个模型簇,并保存这些模型簇用于分类新数据。它不仅成功地约简了数据,也提高了分类新数据的效率。kNNModel 构建的模型簇的大小和覆盖样本的数量是根据数据集各类数据在多维数据空间的分布情况自动形成。由此,若在模型簇的形成过程中,容忍度参数设为 0,则表示形成的模型簇中不包含任何异类点,保证了簇中数据点的纯度。所以 kNNModel 所生成的模型簇基本满足层次编码对簇的要求。

但是由于 kNNModel 有可能生成较多的模型簇,而存在一些模型簇中的样本个数极少,或较分离,则在模型簇的选取过程中,在每一类中选取 T 个包含样本最多的模型簇。然而,仍存在一些未被选中的样本,破坏了数据的完整性。因此将未被选中的样本归于距离最近的被选中的模型簇,使得选取的模型簇能够大致反映出类别特征,同时有效减少簇的数量,简化编码矩阵的大小。

在训练阶段,首先利用 kNNModel 算法,以每个训练样本为圆心,向外扩展成一个区域,使这个区域覆盖最多的同类点,而不覆盖任何异类点。然后选择覆盖最多点的区域,以四元组 $<Cls(d_i), Sim(d_i), Num(d_i), Rep(d_i)>$ 形式保存下形成一个模型簇。其中 $Cls(d_i)$ 表示该模型簇中数据点的类别;$Sim(d_i)$ 表示该模型簇的半径,即最远点到圆心 d_i 的距离;$Num(d_i)$ 表示该模型簇覆盖点的数量;$Rep(d_i)$ 则为圆心 d_i 本身。算法重复迭代多次,直至所有的训练样本至少被一个模型簇所覆盖。

生成模型簇后,在每一类中选取 T 个包含样本最多的模型簇,将未被选中的样本归于距离最近的被选中的模型簇,由此形成簇与类别的对应关系。

然后采用层次编码方法,对于同类簇,簇间编码采用传统的一对一编码方式;而后对所有训练样本,计算类与类之间的相似度,采用层次聚类的方法[61],至底向上将类别两两合并,构建层次聚类树,直至最后。接着对层次聚类树上的每一个结点进行编码,形成最终的编码矩阵。

定义编码矩阵为 $M_{\lambda \times n}$,其中 M 的每个元素的取值为 $\{1, 0, -1\}$,λ 和 n 分别为簇空间的大小和单分类器的个数。M 的每一行对应一个簇,而每一列对应于一个单分类器。将这 n 个单分类器记为 $h_1(x), h_2(x), \cdots, h_n(x)$。如果 $M(i, j) = -1$,意味着第 j 个单分类器 h_j 把所有第 i 簇的样本都划分为负例;反之如果 $M(i, j) = 1$,表示第 j 个单分类器 h_j 把所有第 i 簇的样本都划分为正例;而如果 $M(i, j) = 0$,表示第 j 个单分类器 h_j 对所有第 i 簇的样本不做学习。

在测试阶段,对于一个新的待分类数据 X,计算其与所有模型簇中心的距离。若 X 被一个或多个相同类别的模型簇所覆盖,则将其中任一模型簇的类别赋予 X;若 X 未被任何模型簇所覆盖,则用层次纠错输出编码训练好的 n 个单分类器 $h_1(x), h_2(x), \cdots, h_n(x)$ 分别对 X 进行分类预测,形成一个长度为 n 的二值编码。将此编码与每个簇的编码进行比较,取编码间的距离最短的簇,再根据簇与类别的对应关系,返回其类值。

3.4.3.2 KNNM-HECOC 的算法实现

根据以上分析,总结基于 kNNModel 的层次纠错输出编码(KNNM-HECOC)算法如下:

算法 3-9　kNNM-HECOC 训练阶段的算法

输　入:有标签的训练数据集 $L=\{(x_1,y_1),(x_2,y_2),\cdots,(x_{|L|},y_{|L|})\}$;

　　　　T:选取各类模型簇的个数

输　出:编码矩阵 M;

　　　　n 个单分类器 $h_i(0\leqslant i<n)$;

　　　　建立在 L 上的 kNNModel 模型

Begin

1. 对数据集 L 进行 kNNModel 算法,建立模型,形成模型簇

2. 在形成的模型簇中,每个类别的模型簇的选取个数为 T,若某类所生成的模型簇数量 θ 小于 T,则取 θ 个模型簇,若某类所生成的模型簇数量 θ 大于 T,则取 T 个模型簇。将未被选中的样本归于距离最近的被选中的模型簇。由此建立簇与类的对应关系 D

3. 在所有训练样本中,计算类与类之间的相似度,构造层次聚类树

4. 用层次编码方法对簇和层次结点进行编码,形成编码矩阵 M

5. 根据编码矩阵 M 的每一列编码,分别训练 n 个单分类器

End

算法 3-10　kNNM-HECOC 测试阶段算法

输　入:测试样本 X;

　　　　在训练样本上建立的 kNNModel 模型

输　出:X 的类标签 Y

Begin

1. 对于 X,计算其与所有模型簇中心的距离

2. 若 X 被一个或多个相同类别的模型簇所覆盖,则输出其中任一模型簇的类别 Y

3. 用 n 个单分类器分别对测试样本 X 进行预测

4. 合并 n 个单分类器的预测值,形成一个长度为 n 的二值编码

5. 将此编码与每个簇的编码进行比较,取编码间的距离最短的簇

6. 根据簇与类的对应关系 D,输出此簇对应的类别 Y

End

　　算法中,kNNModel 在建立模型簇是容忍度参数 r 设为 0,即表示形成的模型簇中不包含任何异类点,所以不会出现分类样本同时被两个或以上不同类别的模型簇所覆盖的情况。在选择完模型簇后,计算每个未被选中的样本离各被选中的模型簇的边界距离,将它们归于距离最近的被选中的模型簇,以保证训练的充分性。

3.4.4 实验分析与讨论

本节将介绍 KNNM-HECOC 算法与 kNNModel 算法、传统的纠错输出编码算法及其他的经典的有监督算法的比较,分析算法的有效性,并对算法使用的有关参数做出讨论。

3.4.4.1 数据集

为了验证 KNNM-HECOC 算法的可行性与有效性,从 UCI 机器学习公共数据集[17]上选取了 10 个数据集:Diabetes、Heart、Wine、Machine、Promoters、Heart-statlog、Balloons、Australian、Zoo 和 Liver 对 KNNM-HECOC 进行测试。有关这些数据集的基本信息见表 3-9。

表 3-9　实验数据集的基本信息

Dataset	NA	NC	NN	NI	CD
Diabetes	8	0	8	768	500 : 268
Heart	13	6	7	270	152 : 14 : 104
Wine	13	0	13	178	59 : 71 : 48
Machine	7	0	7	209	21 : 135 : 29 : 11 : 7 : 1 : 0 : 5
Promoters	57	57	0	106	53 : 53
Heart-statlog	13	0	13	270	150 : 120
Balloons	4	4	0	76	35 : 41
Australian	14	8	6	690	383 : 307
Zoo	17	16	1	101	41 : 20 : 5 : 13 : 4 : 8 : 10
Liver	6	0	6	345	145 : 200

在表 3-9 中,各列标题含义如下:NA 表示属性数目,NC 表示分类型属性数目(包括二值属性),NN 表示数值型属性数目,NI 表示实例个数,CD 表示类分布。

为了在相同的实验环境中进行比较,本节介绍的 KNNM-HECOC、kNNModel 算法已嵌入到开源软件 WEKA[18]中。在实验中,对数据集进行了标准化和连续化的预处理,分别使用的是 WEKA 软件自带的 weka. filters. unsupervised. attribute. Normalize 和 weka. filters. unsupervised. attribute. Nominal To Binary 方法。

3.4.4.2 实验结果

实验共有 5 个对比算法,分别是 kNNModel 算法、一对一有监督编码算法(简写为 ECOC 1-1)、一对多有监督编码算法(简写为 ECOC 1-all)、决策树算法和 kNN 算法(k 值取 1)。后 4 种对比算法均来自 WEKA[18] 软件。在纠错输出编码算法中的距离计算公式采用欧氏度量,并且统一采用决策树 C4.5 作为单分类器。对所有算法,采用 10 折交叉验证方法在选择的 10 个数据集上进行训练、测试,取它们的平均分类正确率作为输出,以衡量分类算法的有效性。

实验的对比结果如表 3-10、3-11 所示。表 3-10 显示了不同算法在分类正确率上的比较。

表 3-10 不同算法在分类正确率上的比较

数据集	分类正确率(%)							
	KNNM-HECOC			kNNModel	ECOC (1-1)	ECOC (1-all)	Decision Tree(C4.5)	kNN (K=1)
	$T=1$	$T=2$	$T=3$					
Diabetes	74.47	74.60	74.73	74.07	74.47	74.47	74.47	71.09
Heart	78.14	77.78	77.78	77.03	77.03	77.03	77.03	75.18
Wine	95.52	95.52	95.52	92.68	92.22	89.96	93.30	94.97
Machine	92.33	92.33	91.33	85.59	87.54	85.64	87.97	87.50
Promoters	82.90	80.09	81.91	77.27	75.36	75.36	75.36	82.36
Heart-statlog	79.26	78.89	79.26	77.78	77.78	77.78	77.78	77.40
Balloons	75.53	78.03	75.53	75.53	70.17	70.17	70.17	67.85
Australian	84.78	84.92	84.78	81.01	84.34	84.34	84.34	80.14
Zoo	92.18	92.18	92.18	91.18	90.09	89.00	91.09	96.00
Liver	66.66	68.40	67.84	61.73	67.21	67.21	67.21	62.89
Average	82.18	82.27	82.09	79.39	79.62	79.10	79.87	79.54

表 3-11 列出了对每个数据集取最优参数 T 下所得的实验结果,每个数据集算法正确率最高的用黑体表示。

表 3-11　最优分类正确率

数据集	KNNM-HECOC	T	kNNModel	ECOC (1-1)	ECOC (1-all)	Decision Tree(C4.5)	kNN (k=1)
Diabetes	74.73	3	**74.07**	**74.47**	**74.47**	74.47	71.09
Heart	**78.14**	1	77.03	77.03	77.03	77.03	75.18
Wine	**95.52**	3	92.68	92.22	89.96	93.30	94.97
Machine	**92.33**	2	85.59	87.54	85.64	87.97	87.50
Promoters	**82.9**	1	77.27	75.36	75.36	75.36	82.36
Heart-statlog	**79.26**	3	77.78	77.78	77.78	77.78	77.40
Balloons	**78.03**	2	75.53	70.17	70.17	70.17	67.85
Australian	**84.92**	2	81.01	84.34	84.34	84.34	80.14
Zoo	92.18	3	91.18	90.09	89.00	91.09	**96.00**
Liver	**68.4**	2	61.73	67.21	67.21	67.21	62.89
Average	**82.64**	/	79.39	79.62	79.10	79.87	79.54

　　T 表示在 KNNM-HECOC 算法中,选择模型簇时,每个类别的模型簇的选取个数为 T。表 3-10 所列的是在不同 T 下的实验结果,表明参数 T 对 KNNM-HECOC 算法的影响。虽然对于不同数据集,参数 T 在 1 至 3 范围内的分类正确率有所不同,但依然高于其他对比算法。表 3-11 列出了对某一数据集固定参数 T 所得出的最优分类正确率的结果。说明可以通过小范围的调整参数 T 以获得最优分类正确率。除在数据集 Zoo 中,KNNM-HECOC算法分类正确率不如 kNN 算法,在其余 9 个数据集上,KNNM-HECOC 算法的分类正确率明显高于 kNNModel 算法、一对一有监督编码算法、一对多有监督编码算法、决策树算法和 kNN 算法。

3.4.4.3 参数分析

　　为了解 T 值对分类正确率的影响,在实验中,T 的取值范围从 1 到 15,图 3-14、3-15 分别以数据集 Australian、Liver 为例,说明这一参数对 KNNM-HECOC 算法分类正确率的影响。

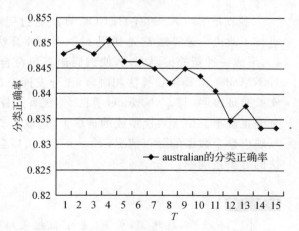

图 3-14　不同 T 值对 KNNM-HECOC 算法在 Australian 上的分类正确率影响

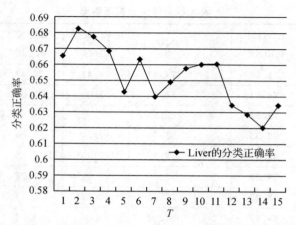

图 3-15　不同 T 值对 KNNM-HECOC 算法在 Liver 上的分类正确率影响

从图 3-14、3-15 的走势可以看出,参数 T 一般在 2～4 的时候分类正确率达到最大值,而后大致呈递减趋势。其他数据集的参数走势也基本与此两图类似。这是由于,当 T 取值过大时,选取了过多 $Num(d_i)$ 值较小的模型簇,由于簇的数量太多而影响了算法的泛化能力。需要注意的是,当 T 取值为 1 时,相当于只对类别进行编码,但通过使用 kNNModel 和层次编码对预测进行融合,提高了算法正确率。

3.4.5 小结

本节介绍的 KNNM-HECOC 算法通过引入 kNNModel,对传统的纠错输出编码算法进行了改进。该算法首先利用 kNNModel 算法生成模型簇,通过同类簇编码与类层次编码,形成一种新的编码方式,使编码矩阵更符合数据分布的特点。KNNM-HECOC 算法将 kNNModel 和 ECOC 算法相融合,充分发挥了二者的优点。在 UCI 机器学习公共数据集上实验验证表明,与 kNNModel 算法、传统有监督纠错输出编码算法相比,新算法有效提高了分类正确率。由于对模型簇的选取上,选取了 $Num(d_i)$ 值最大的 T 个簇,可能未必能完整反映出整个数据的分布情况,下一步工作可以尝试不同的模型簇选取方法,以进一步提高算法的分类正确率。

参考文献

[1] 罗长升,段建国,郭莉.基于推拉策略的文本分类增量学习研究.中文信息学报,2008,22(1):37～44.

[2] 付长龙,杜旭辉,姚全珠.一种基于概率粗糙集模型的增量式规则学习算法.计算机

科学,2008,35(5):143~146.

[3] T. Xiang. , S. G. Gong. *Incremental and adaptive abnormal behavior detection.* Computer Vision and Image Understanding,2008:59~73.

[4] J. P. Xiao,L. S. Zhang,X. Ren. *Transductive support vector machines based on incremental learning.* Journal of Computer Applications,2008,28(7):1642~1644.

[5] B. Liu,J. H. Pan. *Incremental classification method based on ensemble.* Computer Engineering,2008,34(19):187~188,191.

[6] X. J. Wang,H. Shen. *Improved growing learning vector quantification for text classification.* Chinese Journal of Computers,2007,30(8):1277~1285.

[7] G. Guo,H. Wang,D. A. Bell. *KNN model based approach in classification.* Proceedings of ODBASE 2003:986~996.

[8] G. Guo,H. Wang,D. A. Bell. *Using KNN model for automatic text categorization.* Journal of Soft Computing. Publisher:Springer-Verlag Heidelberg,2006,10(5):423~430.

[9] N. Ye,X. Y. Li. *A machine learning algorithm based on supervised clustering and classification.* Proceedings of AMT 2001. LNCS 2252,2001:327~334.

[10] H. Y. Bian. *Fuzzy-Rough nearest neighbor classification:an integrated framework.* Proceedings of IASTED International Symposium on Artificial Intelligence and Applications,2002:160~164.

[11] L. A. Rosa,N. F. F. Ebecken. *Data mining for data classification based on the KNN-Fuzzy method supported by genetic algorithm.* Proceedings of VECPAR 2002, LNCS 2565,2003:126~133.

[12] J. M. Keller,M. R. Gray,J. A. Jr. Givens. *A fuzzy k-nearest neighbor algorithm.* IEEE Transactions on Systems,Man,and Cybernetics,1985,SMC-15(4):580~585.

[13] Y. Y. Teng,Y. W. Tang,H. X. Zhang. *A New Algorithm to Incremental Learning with Support Vector Machine.* Computer Engineering and Applications,2004,40(36):77~80.

[14] S. Tan,X. Cheng,M. Ghanem. *A novel refinement approach for text categorization.* ACM CIKM,2005,New York:ACM Press,2005:469~476.

[15] S. U. Guan,F. M. Zhu. *An incremental approach to genetic-algorithms-based classification.* IEEE Transactions on Systems,Man and Cybernetics,2005,35(2):227~239.

[16] 桑农,张荣,张天序. 一类改进的最小距离分类器的增量学习算法. 模式识别与人

工智能,2007,20(3):358～364.

[17] *UCI Repository of Machine Learning Databases*. http://www. ics. uci. edu/~mlearn/MLRository. html.

[18] I. H. Witten,G. Frank. *Data mining: practical machine learning tools with java implementations*. Morgan Kaufmann,San Francisco,2000.

[19] KDD Cup 1999 Data. *The UCI KDD Archive,Information and Computer Science*. University of California, Irvine, CA 92697-3425, Last modified: October 28, 1999. http://kdd. ics. uci. edu/databases/kddcup99/kddcup99. html,

[20] 郭躬德,黄杰,陈黎飞. 基于 KNN 模型的增量学习算法. 模式识别与人工智能,23(5):701～707,2010.

[21] X. Y. Zeng,X. W. Chen. *SMO-based pruning methods for sparse least squares support vector machines*. IEEE Transactions on Neural Networks,2005,16(6):1541～1546.

[22] J. R. Quinlan. *Simplifying decision trees*. International Journal of Man—Machine Studies. 1987,27(3):221～234.

[23] L. A. Breslow,D. W. Aha. *Simplifying decision trees:a survey*. Knowledge Engineering Review. 1997,12(1):1～40.

[24] M. Zhong,M. Georgiopoulos,Anagnostopoulos GC. *A k-norm pruning algorithm for decision tree classifiers based on error rate estimation*. Machine Learning,2008,71(1):55～88.

[25] H. Wang,W. Fan,P. S. Yu,J. Han. *Mining concept-drifting data streams using ensemble classifiers*. Proceedings of the 9th ACM SIGKDD International conference on Knowledge Discovery and Data Mining KDD-2003,ACM Press,2003:226～235.

[26] P. Domingos,G. Hulten. *Mining high-speed data streams*. Proceedings of the 6th Association for Computing Machinery International Conference on Knowledge Discovery and Data Mining,2000:71～80.

[27] H. L. Wei. *Comparison among methods of decision tree pruning*. Journal of Southwest Jiaotong Univemity,2005,40(1):44～48.

[28] 尹志武,黄上腾. 一种自适应局部概念漂移的数据流分类算法. 计算机科学,2008,35(2):138～143.

[29] G. Widmer,M. Kubat. *Learning in the presence of concept drift and hidden contexts*. Machine Learning,1996,23(1):69～101.

[30] 刘衍珩,田大新,余雪岗,王健. 基于分布式学习的大规模网络入侵检测算法. 软件

学报,2008,19(4):993~1003.

[31] M. A. Maloof. *Learning when data sets are imbalanced and when costs are unequal and unknown*. ICML-2003 Workshop on Learning from Imbalanced Data Sets II. Washington DC:AAAI Press,2003.

[32] G. Hulten, L. Spencer, L. Domingos. *Mining time-changing data streams*. Proceedings of ACM International Conference on Knowledge Discovery and Data Mining, 2001,97~106.

[33] 卿斯汉. 密码学与计算机网络安全. 北京:清华大学出版社,2001:15~20

[34] A. K. Ghosh, A. Schwartzbard. *A study in using neural networks for anomaly and misuse detection*. Proceedings of the 8th USENIX Security Symposium, Washington, D. C. US,1999:23~36.

[35] S. Mukkamala, G. I. Janoski, A. H. Sung. *Intrusion detection using support vector machines*. Proceedings of the High Performance Computing Symposium-HPC 2002,San Diego, April 2002:178~183.

[36] C. Kruegel, F. Valeur, G. Vigna, R. Kemmerer. *Stateful intrusion detection for high-speed networks*. Proceedings of the IEEE Syrup. on Security and Privacy. Washington:IEEE Computer Society,2002:285~294.

[37] C. Giraud-Carrier, R. Vilalta, P. Brazdil. *Introduction to the special issue on meta-learning*,Machine Learning,2004,54(3):187~193.

[38] W. Fan, H. Wang, P. Yu, S. Stolfo. *A framework for scalable cost-sensitive learning based on combing probabilities and benefits*. Proceedings of the 2nd SIAM International Conference on Data Mining. Philadelphia:SIAM Press,2002:437~453.

[39] K. Yamanishi. *Distributed cooperative Bayesian learning strategies*. Proceedings of the 10th Annual Conf, on Computational Learning Theory. New York:ACM Press, 1997:250~262.

[40] P. K. Chan, S. J. Stolfo. *Toward scalable learning with non-uniform class and cost distributions:A case study in credit card fraud detection*. Proceedings of the 4th International conference,on Knowledge Discovery and Data Mining,AAAI Press,1998:164~168.

[41] P. K. Chan, W. Fan, Prodromidis AL, Stolfo SJ. *Distributed data mining in credit card fraud detection*. IEEE Intelligent Systems,1999,14(6):67~74.

[42] B. Sung, B. Jerzy. *A decision tree algorithm for distributed data mining:Towards network intrusion detection*. LNCS 3046,Berlin, Heidelberg:Springer-Verlag,2004:

206～212.

[43] G. Folino, C. Pizzuti, G. Spezzano. *GP ensemble for distributed intrusion detection systems*. Proceedings of the 3rd International Conference on Advanced in Pattern Recognition, Berlin, Heidelberg: Springer-Verlag, 2005: 54～62.

[44] S. B. Kotsiantis, P. E. Pintelas. *An online ensemble of classifiers*. Proceedings of PRIS, 2004: 59～68.

[45] Y. Liao, V. R. Vemuri. *Use of k-nearest neighbor classifier for intrusion detection*. Computers & Security, 2002, 21: 439～448.

[46] Y. Li, B. X. Fang, L. Guo, Y. Chen. *Network anomaly detection based on TCM-KNN algorithm*. Proceedings of the 2007 ACM symposium on information, computer and communications security, Singapore: 2007: 9～13.

[47] S. R. Snapp, S. E. Smaha, D. M. Teal, and T. Grance. *The DIDS (distributed intrusion detection system) prototype*. Proceedings of the Summer USENIX Conference, San Antonio, Texas, 8. 12 June 1992: 227～233. USENIX Association.

[48] S. S. Chen, S. C. heung, . R. C. Rawford, et al. *GrIDS-A graph based intrusion detection system for large networks*. Proceedings of the 19th National Information Systems Security Conference(NISSC), Baltimore, MD, U SA, 1996: 361～370.

[49] J. S. Balasubramaniyan, J. O. Garcia-Femandez, D. Isacoff, et al. *An architecture for intrusion detection using autonomous agents*. Proceedings of computer Security Applications conference, 1998: 13～24.

[50] H. Deng, R. Xu, F. Zhang, et al. *Agent-based Distributed Intrusion Detection Methodology for MANETs*. Security and Management, Nevada, USA, 2006.

[51] DJ. Luo, R. Xiong, *Distance function learning in error-correcting output coding framework*. Proceeding of the 13th International Conference on Neural Information Proceeding, HongKong. LNCS 4272, 2006: 1～10.

[52] R. C. Bose, D. K. Ray-Chaudhri. *On a class of error-correcting binary group codes*. Information and Control, 1960, 3: 68～79.

[53] G. Thomas. Dietterich, G. Bakiri. *Solving multiclass learning problems via error-correcting output codes*. Artificial Intelligence Research, 1995, 2: 263～286.

[54] E. L. Allwein, R. E. Shapire and Y. Singer. *Reducing multiclass to binary: a unifying approach for margin classfiers*. Machine Learning Research, 2002, 1: 113～141.

[55] A. Passerini, M. Pontil and P. Frasconi. *New results on error correcting codes of kernel machines*. IEEE Transactions on Neural Networks, 2004, 15(1): 45～54.

［56］K. Crammer and Y. Singer. *On the learnability and design of output codes for multicalss problems.* Machine Learning,2002,47(2～3):201～233.

［57］O. Pujol,P. Radeva. *Discriminant ECOC:a heuristic method for application dependent design of error correcting output codes.* IEEE Transactions on Pattern Analyses and Machine Intellgence,2006,28(6):1007～1012.

［58］S. Escalera,O. Pujol and P. Radeva. *Ecoc-one:A novel coding and decoding strategy.* In International Conference on Pattern Recognition(ICPR),HongKong,2006,3:578～581.

［59］A. Fornes,S. Escalera,J. LLados et al. *Handwritten symbol recognition by a boosted blurred shape model wish error correction.* Lecture Notes in Computer Science,2007,4477:13～21.

［60］O. Pujol,S. Escalera,P. Radeva. *An incremental node embedding technique for error correcting output codes.* Pattern Recognition,2008,41(2):713～725.

［61］L. Kaufman and P. J. Rousseeuw. *Finding groups in data:an introduction to cluster analysis.* New York:John Willey&Sons,1990.

［62］黄杰,郭躬德,陈黎飞. 增量 kNN 模型的修剪策略研究. 小型微型计算机系统. 2011,5:845～849.

［63］黄杰,郭躬德,陈黎飞. 基于增量 kNN 模型的分布式入侵检测架构. 微计算机应用. 2009,11:28～33.

［64］辛轶,郭躬德;陈黎飞,黄杰. 基于 kNN 模型的层次纠错输出编码算法. 计算机应用,2009,11:3051～3055.